Janice Marturano

Mindful Leadership

Janice Marturano

Mindful Leadership

Ein Weg zu achtsamer Führungskompetenz

Aus dem Amerikanischen von Lisa Baumann

arbor
Arbor Verlag
Freiburg im Breisgau

Dieses Buch ist jenen gewidmet,
die lernen wollen, mit Mut, Integrität und Mitgefühl zu führen.

Die Originalausgabe erschien unter dem Titel:
Finding the Space to Lead. A Practical Guide to Mindful Leadership

1. Auflage 2015

Lektorat: Lothar Scholl-Röse
Druck und Bindung: Kösel, Krugzell
Hergestellt von mediengenossen.de

Dieses Buch wurde auf 100 % Altpapier gedruckt und ist alterungsbeständig.
Weitere Informationen über unser Umweltengagement finden Sie unter
www.arbor-verlag.de/umwelt

www.arbor-verlag.de

ISBN 978-3-86781-129-3

Inhalt

EINFÜHRUNG

Mentales Training zur Entwicklung von Führungsexzellenz

Menschen zu führen, zählt zu den anspruchsvollsten Tätigkeiten überhaupt. Es erfordert eine geradezu schwindelerregende Vielzahl von Fertigkeiten, eine solide Ausbildung und echte Leidenschaft. Nehmen wir eine Führungsrolle ein, so tun wir das meistens, weil wir etwas bewirken möchten. Für Führungskräfte sind lange Arbeitstage ebenso selbstverständlich wie das Erbringen großer persönlicher Opfer und das Auf und Ab von Erfolg und Scheitern. Die Geschäftigkeit allerdings, die mit einer Führungsrolle in der heutigen, rund um die Uhr vernetzten Welt einhergeht, lenkt oft von den wirklich wichtigen Dingen ab. Sie schränkt die Fähigkeit ein, mit Exzellenz zu führen. Wer ganz ehrlich mit sich ist, muss sich möglicherweise eingestehen, sich zu oft so zu fühlen, als ob der Arbeitsalltag viel eher darin bestünde, Brände zu löschen oder Zeit zu verschwenden, als darin, sein Bestmögliches zu geben.

Muss das so sein? Glücklicherweise nicht.

Sie können lernen, exzellent zu führen, indem Sie die folgenden, Ihnen angeborenen Fähigkeiten kultivieren: sich auf das Wichtige konzentrieren, die Gegebenheiten klarer sehen, Kreativität fördern und Mitgefühl verkörpern. Wenn Sie dazu in der Lage sind, werden Sie mit größerer Wahrscheinlichkeit jene Art bewusster Entscheidungen treffen, die wir heutzutage von unseren Führungskräften so dringend brauchen. Solche Entscheidungen münden oft in ein *Win-win-win*-Szenario: gut für das Unternehmen, gut für die Mitarbeiter und gut für das weitere Umfeld.

Mein Weg zu Mindful Leadership

Ich selbst fand ziemlich unverhofft zu Mindful Leadership[1], während ich Vizepräsidentin, Beraterin für Rechtsangelegenheiten und stellvertretende Syndikusanwältin bei General Mills war, einem der größten Konzerne der Welt. (Mehr über die Umstände, die mich zum Achtsamkeitstraining brachten und dessen transformativer Effekt auf mich persönlich im nächsten Kapitel.) Ich führte die Art von äußerst intensivem Leben, die den meisten leitenden Angestellten – und auch anderen viel beschäftigten Menschen, vom Minister bis zur Mutter – nur allzu bekannt ist, ein Leben voller stetiger Anforderungen am Arbeitsplatz und auch jenseits davon. Es brauchte eine persönliche Krise, damit ich im Achtsamkeitstraining das fand, was wir im Leben am allermeisten brauchen: Raum.

Mit „Raum" meine ich nicht mehr Quadratmeter Bürofläche (auch wenn das hilfreich wäre). Ich meine mentalen und emotionalen Raum – „Bandbreite", um eine Internetmetapher zu gebrauchen, also die Kapazität, zu sehen, fühlen, hören und darüber zu reflektieren, was sich um uns herum und in unserem Inneren abspielt. Wenn wir diesen Raum haben, können wir auch mit einem dringenden Problem auf ruhige, kreative und menschliche Weise umgehen, anstatt unter Druck und aus der Not heraus zu reagieren.

Zunächst organisierte ich das Training für eine Kerngruppe von Kollegen aus der Leitungsebene bei General Mills und später dann für Hunderte von Mitarbeitern aus dem gesamten Unternehmen. Es fand bei den Führungskräften und deren Arbeitsgruppen bei General Mills, einer Firma,

---

1 Der Begriff Mindful Leadership bezeichnet das von der Autorin vorgestellte Konzept zur Entwicklung von Achtsamkeit im Führungskontext und wird daher in diesem Buch im englischen Original beibehalten. (Anm. d. Übers.)

die für ihre erstklassigen Leadership-Schulungen und ihr Engagement für soziale Verantwortlichkeit bekannt ist, großen Anklang. Schließlich entwickelte sich außerhalb von General Mills eine weltweite Nachfrage nach dem Training, was mich dazu brachte, 2010 das Institute for Mindful Leadership zu gründen (im Folgenden als Institut bezeichnet). Inzwischen haben Führungskräfte und Angestellte aus über sechzig verschiedenen Unternehmen aus aller Welt teilgenommen. Mitarbeiter von Fortune-500-Konzernen[2], Unternehmer, Non-Profit-Akteure, Militärbeamte, akademische Verwaltungsangestellte, Juristen, Lehrer und Therapeuten haben gelernt, das Mindful-Leadership-Curriculum für sich zu nutzen. 2013 wurde das Institut eingeladen, einen Mindful-Leadership-Workshop bei der vielleicht prominentesten Zusammenkunft von Führungskräften der verschiedensten Branchen anzuleiten, dem Weltwirtschaftsforum im schweizerischen Davos.

Wie Sie vom Mindful-Leadership-Training profitieren können

Bei Achtsamkeit geht es weder um Stressreduktion noch um besonders tiefe Atemzüge. Es ist auch keine Religion. Es ist eine Methodologie zum Training einer mentalen Fähigkeit, die im Allgemeinen wenig oder gar keine Schulung erhält. Genauso, wie wir wissen, dass unser Körper angeborene Fähigkeiten hat, die durch Training gestärkt werden können, wird aus inzwischen mehr als drei Jahrzehnten Forschung ersichtlich, dass auch der Geist trainiert und in seinen Fähigkeiten gefördert werden kann. *Mindful Leadership: Ein Weg zu achtsamer Führungskompetenz* soll Ihnen als Wegweiser durch dieses Training dienen und Sie darin unterstützen, mit Exzellenz zu führen und zu leben.

2 Als Fortune-500- und Fortune-200-Konzerne bezeichnet man die 500 beziehungsweise 200 umsatzstärksten Unternehmen der Welt. (Anm. d. Übers.)

Teil I beschreibt, was Mindful Leadership ist, warum ich begonnen habe, mich darin zu üben und es dann weiterzugeben, und auch, warum es so effektiv für die Entwicklung von Führungsexzellenz ist.

In Teil II werden Sie eine Vielfalt an einfachen Methoden kennenlernen, die Ihre Fähigkeit fördern, exzellent zu führen. Das umfasst Meditationen, Reflexionen und gezielte Pausen (letzteres ist eine Methode des mentalen Trainings, bei der Sie den Momenten am Tag Aufmerksamkeit widmen, die entweder besonders routiniert oder besonders chaotisch sind). Sie alle wurden in den letzten Jahren in Mindful-Leadership-Workshops und Retreats ausprobiert, überprüft und weiter ausgefeilt. Viele der Meditationen und Reflexionen sind auch (in englischer Sprache) zum Anhören auf der Website www.findingthespacetolead.com verfügbar.

In Teil III sind Sie eingeladen, die Methoden in verschiedenen Bereichen anzuwenden und über Fragen zu reflektieren, die Sie auf Ihrem Entwicklungsweg von einem ausführenden Manager zu einer wirkungsvollen Führungspersönlichkeit unterstützen sollen.

In Anhang 1 lässt Sie eine Übersicht alle Meditationen, gezielten Pausen und Reflexionen dieses Buches schnell wiederfinden, wann immer Sie sie praktizieren möchten. In Anhang 2 finden Sie einen leicht nachvollziehbaren Vorschlag zur Erstellung eines persönlichen Programms anhand der in diesem Buch beschriebenen Elemente. Durch das gesamte Buch ziehen sich Geschichten von Menschen, deren Leben von Mindful Leadership berührt wurden. Alle Geschichten sind authentisch, wenn auch die Namen der Personen und Unternehmen zum Schutz von Privatsphären und Geschäftsgeheimnissen geändert wurden.

Wir alle haben das Potenzial, mit Exzellenz zu führen, und wir können es uns einfach nicht länger leisten, Entscheidungen zu treffen, ohne all unsere Fähigkeiten zugunsten der betreffenden Menschen, Fragestellungen und Möglichkeiten einzubringen. Und natürlich erfordert es mehr als gute Absichten, um etwas an unserem übermäßig vernetzten und ablenkungsreichen Lebensstil zu ändern.

Wir müssen die uns angeborene mentale Fähigkeit fördern, es zu bemerken, wenn wir im Modus des Autopiloten agieren oder durch

Gedanken an Vergangenes oder Zukünftiges abgelenkt werden, und unsere Aufmerksamkeit wieder ungeteilt darauf richten, wem und was wir in diesem Augenblick begegnen. Wenn der Geist geübt ist, ganz und gar aufmerksam zu sein, selbst mitten im Chaos, entsteht Raum, um klügere und bewusstere Entscheidungen zu treffen. Ob Sie nun einen internationalen Konzern leiten, eine kleine Firma, eine Arbeitsgruppe, ein Krankenhaus, eine gemeinnützige Organisation oder eine Familie, *Mindful Leadership: Ein Weg zu achtsamer Führungskompetenz* wird Ihnen hierbei eine Hilfe sein.

TEIL 1

Was ist Mindful Leadership?

KAPITEL 1

Führen inmitten des Chaos

Wir sind umgeben von Gelegenheiten, die Führung zu übernehmen. Die Fähigkeit dazu liegt tief in unserem Inneren.

MADELEINE ALBRIGHT (EHEM. AUSSENMINISTERIN DER USA)

Nach einem langen Tag sitzen Sie endlich im Auto und fahren nach Hause. Sie stellen das Radio an, um die Nachrichten zu hören, und inmitten der üblichen Geschichten über die Wirtschaft und die neuesten Auseinandersetzungen in der Welt hören Sie den Sprecher sagen, dass eine landesweit vertriebene Lebensmittelmarke zurückgerufen wird, da sie möglicherweise Bakterien enthält, die ernste Magen-Darm-Erkrankungen verursachen. Und dabei handelt es sich ausgerechnet um Ihre liebsten Schokoladenkekse! Die restlichen Nachrichten hören Sie nur mit halbem Ohr, während Ihr Geist umherwandert: Sind diese Kekse zurzeit im Schrank? Habe ich gestern Abend welche davon gegessen? Hat mein Sohn sie mit in die Schule genommen? Letzten Sonntag war mir etwas übel; habe ich an diesem Tag Kekse gegessen?

Haben Sie sich schon einmal gefragt, wie über nationale Rückrufaktionen entschieden wird? Das zählt zu den schwierigsten Entscheidungen, denen sich eine Organisation gegenübersehen kann. Auf dem Spiel stehen die Sicherheit der Konsumenten, die hart erarbeitete Reputation der Firma, Millionen von Dollar und unter Umständen auch die

Arbeitsplätze einiger Menschen. Eine Entscheidung muss in sehr kurzer Zeit gefällt werden, meistens innerhalb eines Tages. Wenn die Firma klare Nachweise für ein Qualitätsproblem hat, ist die Entscheidung einfach. Allerdings gibt es Fälle, in denen die Datenlage uneindeutig und die Führungsriege bezüglich dieser Entscheidung uneins ist. Was dann?

Vor einigen Jahren berichtete mir Jim, ein erfahrener Manager eines Fortune-500-Konzerns, von einem solchen Rückruf. Er erzählte auch, wie die Erfahrungen, die er und sein Team mit Mindful Leadership gemacht hatten, eine entscheidende Rolle in Ihrem äußerst herausfordernden Entscheidungsprozess spielten.

Mein Tag begann wie üblich: zu viele Termine, zu viele Prioritäten und zu viele Möglichkeiten. Dann bekam ich einen Anruf. Nicht irgendeinen Anruf, sondern die Art von Anruf, die den Tag völlig auf den Kopf zu stellen vermag. Die Termine in meinem Kalender hatten sich auf einen Schlag erledigt, und ich musste alle anderen Prioritäten sofort fallen lassen. Ein möglicherweise ernstes Problem in Form einer Kontamination einer wichtigen Produktlinie war aufgetreten. Wenn Bedenken bezüglich der Sicherheit eines Lebensmittels auftauchen, bin ich eine von drei Führungskräften in einem Team, das dafür verantwortlich ist, den CEO bezüglich eines Rückrufs zu beraten. Sue, Mark und ich waren erfahrene Kollegen und wir hatten das Team schon zuvor durch Situationen geleitet, bei denen ein Rückruf zur Debatte stand. Zum Glück waren solche Vorkommnisse selten in meiner Firma, und das verantwortliche Team hatte bereits seit vielen Jahre zusammengearbeitet. Wir kannten uns gut und respektierten gegenseitig unsere Expertise und Erfahrung sehr.

Binnen einer Stunde nach dem Anruf war unser Team mit Daten, Forschungsergebnissen, sachkundigen Meinungen und Fragen ausgestattet. Der erste Schritt bestand darin, das Ausmaß des Problems zu eruieren. Unglücklicherweise erfuhr ich, dass ein international vertriebenes Schokoladenprodukt möglicherweise Bakterien enthielt, die ernste Krankheiten verursachen, insbesondere bei älteren Menschen und kleinen Kindern.

In solchen Situationen ist der Druck einfach immens. Wir machten uns Sorgen wegen der gesundheitlichen Bedrohung der Konsumenten, der auf uns zukommenden Erklärungsnot und der Tatsache, dass ein Rückruf Millionen Dollar kosten sowie der betreffenden Marke erheblich schaden kann. Das Rückruf-Team begann, sich mit dem derzeitigen Wissensstand und zusätzlichen, durch Testungen gewonnenen Informationen zu befassen. Wir benachrichtigten die zuständigen Regierungsbehörden und informierten sie über den Stand der Untersuchung bezüglich des möglichen Problems, und wir versammelten außenstehende Experten, Mikrobiologen und Lebensmittelspezialisten, um uns bei technischen Fragen zur Seite zu stehen. Ich wusste, dass alles in den nächsten vierundzwanzig bis achtundvierzig Stunden erledigt sein musste. Wenn es tatsächlich ein Problem mit unserem Produkt gäbe, würden wir schnell unsere Empfehlung an den CEO aussprechen müssen, um unsere Verbraucher zu schützen.

Im Allgemeinen ermöglichen uns die Testergebnisse und Verbraucherrückmeldungen schnell, einen Konsens zu finden. Entweder bestätigen wir ein Qualitätsproblem oder wir widerlegen die Behauptung, damit ist die Entscheidung dann klar. Sie basiert auf Analysen und Fakten. Aber dieses Mal sollte es nicht so einfach sein. Obwohl unser Team rund um die Uhr arbeitete und stundenlang Berge von wissenschaftlichen Analysen und Testergebnissen untersuchte, blieb uns am Ende nur der nicht belegbare Verdacht, das Produkt *könne die Ursache eines Krankheitsausbruchs in einer Gegend des Landes sein, in der bei einer durch Nahrung übertragenen Krankheit ein Anstieg zu verzeichnen war, und eines der möglicherweise involvierten Produkte war unsere Süßigkeit*. Keine eindeutigen Daten. Keine rauchenden Pistolen. Keine unwiderlegbaren Beweise. Es war also klar, dass unsere Entscheidung dieses Mal auf noch etwas anderem als der Datenlage und den Expertenmeinungen beruhen musste. Sue, Mark und ich wussten, dass wir uns in diesem Fall auf unsere Erfahrung und Intuition verlassen mussten, um zu einer endgültigen Entscheidung zu gelangen.

Am frühen Abend des zweiten Tages war die Zeit beinahe abgelaufen. Sue, Mark und ich verließen unser Rückruf-Team und versammelten uns in einem leeren Konferenzraum, um uns zu beratschlagen. Als wir uns setzten, schlug Mark vor, jeder solle mit einem kurzen Monolog beginnen, um einander unsere jeweilige allgemeine Einschätzung der Situation und unsere Meinung zu dem Rückruf mitzuteilen. Ich erinnere mich an ein Gefühl der Erleichterung darüber, dass wir alle ein Training in achtsamer Kommunikation durchlaufen hatten und daher vertraut mit der Technik des Monologs und des tiefen Zuhörens waren. Als wir mit dem Prozess begannen, hoffte ich insgeheim auf einen Konsens unter uns. Aber dazu kam es nicht. Was nun?

Eine Option wäre gewesen, eine Diskussion über unsere Standpunkte anzufangen. Also diese Art Debatte, die meist enorm viel Zeit verschlingt und selten in eine wirklich gute Entscheidung mündet. Viel öfter endet sie in einem Kompromiss oder einer Wahl, die nur von einigen Beteiligten befürwortet wird. Hier allerdings stand zu viel auf dem Spiel, als dass dies unser nächster Schritt sein konnte.

Also schlug Sue vor, anstatt zu diskutieren, das Gehörte sinken zu lassen und etwas Zeit auf eine Reflexion zu verwenden. Wir kamen überein, uns in einer Stunde wieder zu treffen. Mark machte einen Spaziergang um das Gebäude. Sue fand einen ruhigen, leeren Raum, in dem sie sitzen konnte. Ich holte mir eine Tasse Kaffee und ging damit zurück in mein Büro, schloss die Tür und gestattete mir die Ruhe, die ich brauchte, um all das, was ich an diesem Tag gehört und gefühlt hatte, in mir wirken zu lassen – die Ruhe, die ich brauchte, um sorgfältig auf meine Intuition zu lauschen.

Eine Stunde später fanden wir uns wieder im Konferenzraum ein und tauschten nochmals unsere Meinungen aus. Dieses Mal erreichten wir einen klaren und starken Konsens. Es war eine unbequeme Entscheidung für viele im Unternehmen, aber für uns drei war nun klar, dass wir einen Rückruf empfehlen mussten.

Wie bei den meisten schwierigen Entscheidungen war es in Jims Geschichte äußerst wichtig, eine klare Position zu finden. Auf dem Boden gegenseitiger Unterstützung und einer einhelligen Entscheidung konnten Jim, Mark und Sue souverän in das Gespräch mit dem CEO und den anderen gehen. Es war eine Entscheidung, die nicht auf der Datenlage fußte, die uneindeutig blieb, sondern auf ihrer kollektiven Erfahrung und Intuition. Als sie ihre einstimmige Empfehlung an den CEO aussprachen, stellte dieser nur eine einzige Frage: „Vertrat jemand einen anderen Standpunkt?" Sie verneinten, und er erklärte sich rasch mit der Empfehlung einverstanden. Ihre Klarheit half also auch dem CEO: Er konnte der Entscheidung vertrauen, den kostspieligen Rückruf zu veranlassen, weil alle seine Berater zu dem gleichen Schluss gekommen waren. Es war der richtige Weg.

Jetzt konnten alle Energien auf die effektivste und effizienteste Umsetzung des Rückrufs verwendet werden. Keiner hatte gewollt, dass dies passierte, doch die Entscheidung war einfacher umsetzbar und auf lange Sicht leichter zu akzeptieren, weil sie sich die notwendige Zeit genommen hatten, um Klarheit über die beste Option zu gewinnen. Es war keine schnelle Reaktion im Chaos der Verunsicherung. Auch war die Entscheidung nicht das Ergebnis von Erschöpfung nach einer langwierigen Debatte. Das Team traf diese Wahl in dem Wissen darüber, wann es wichtig ist, dem Geist zu erlauben, sich zu beruhigen, damit der beste Weg sich zeigen kann.

Als Manager, die das Mindful-Leadership-Training durchlaufen hatten, wussten Jim, Sue und Mark, wie sie ihre klassischen Business- und Leadership-Fertigkeiten sowie auch ihre hart erarbeiteten Erfahrungen mit ihrem mentalen Training verbinden konnten.

Die Mindful-Leadership-Praxis hatte sie gelehrt, den starken Drang, zu reagieren, ebenso zu erkennen wie die Tendenz des Geistes, unter Stress den Fokus zu verengen. Auch wussten sie um die Dynamik schwieriger Gespräche, die manchmal durch Einigung auf den kleinsten gemeinsamen Nenner statt durch wirklich angemessene Entscheidungen aufgelöst werden, sowie um die negativen Effekte von Informationsüberflutung. Das Training half ihnen zudem dabei, die Vieldeutigkeit des „Nicht-Wissens" für eine Weile auszuhalten, und gab ihnen die notwendige Ruhe und den Raum, klarer zu sehen und adäquat zu reagieren. Weder ihr klassisches Businesstraining noch ihr mentales Training allein hätten ausgereicht, um zu einer optimalen Entscheidung zu gelangen. Die Kombination von beidem dagegen erwies sich als überzeugend.

Jim, Sue und Mark hatten den Mut, eine Weile innezuhalten, damit sich der aufgewirbelte Staub setzen konnte, und den Mut, alle Ihre Fähigkeiten in die Entscheidungsfindung mit einzubringen. Inmitten des Chaos bewiesen sie *Führungsexzellenz.* Allzu oft sind wir uns nicht bewusst, welchen Effekt Druck in einer Situation auf unsere Fähigkeit hat, mit Exzellenz zu führen. Zwar verfügen wir über die angeborene Fähigkeit, selbst bei sehr schwierigen Entscheidungen ganz präsent zu sein, dazu aber müssen wir es erkennen, wenn wir uns in einem reaktiven Modus bewegen, und Methoden erlernen, die uns bei bewussten Entscheidungsfindungsprozessen unterstützen.

Jeder hat das Potenzial, mit Exzellenz zu führen. Sie mögen sich im Moment in einer Position befinden, die Ihnen Entscheidungen abverlangt, die Ihr direktes und weiteres Umfeld betreffen, daher betrachten sowohl Sie selbst als auch andere Sie als Führungskraft. Oder aber Sie bekleiden keine Führungsrolle im engeren Sinne und berühren dennoch jeden Tag das Leben anderer auf eine einflussreiche Art. In welchem Fall auch immer, wir alle haben jene *Gelegenheiten, die Führung zu übernehmen,* die Außenministerin Albright in dem Zitat zu Beginn dieses Kapitels anspricht. Sie beschreibt diese Fähigkeit als „tief in unserem Inneren" liegend und damit auch sehr treffend die Führungsqualitäten, die das Mindful-Leadership-Training fördert.

Warum brauchen wir Mindful Leadership?

Um diese Frage zu beantworten, lassen Sie uns einen Blick darauf werfen, was es bedeutet, achtsam zu sein.

Wenn Sie in diesem Moment achtsam sind, sind Sie präsent für Ihr Leben und Ihr Erleben, genauso, wie es ist …

nicht, wie Sie es sich erhofft haben,
nicht, wie Sie es erwartet haben,
nicht mehr oder weniger sehend als das, was da ist,

nicht mit Urteilen, die Sie zu einer konditionierten Reaktion verleiten können,

... sondern präsent für genau das, was gerade da ist und sich entfaltet, jedem Moment mit Gleichmut begegnend.

Betrachten wir die Herausforderungen, denen sich Führungskräfte heute gegenübersehen, ist leicht ersichtlich, wie wichtig die Entwicklung von Achtsamkeit im Führungskontext ist. Die Umgebungen, in denen wir leben und arbeiten, entwickeln sich stetig weiter. Zeit wird inzwischen oft in Mikrosekunden gemessen. Unternehmen unterliegen neuen und komplexen wirtschaftlichen und ressourcenbedingten Beschränkungen. Wir sind rund um die Uhr mit einer Reihe technischer Geräte verbunden, die regelmäßig eine furchterregende Informationsüberflutung und ein Gefühl von Unverbundenheit auslösen, uns überwältigen und isolieren. Die Welt verändert sich so rapide, dass Menschen, die sich heute auf eine berufliche Laufbahn vorbereiten, diesen Weg bereits völlig verändert vorfinden, wenn sie dann bereit sind, ihn zu betreten. Ein Paradigma nach dem anderen wandelt sich. Der Umfang der verfügbaren Informationen führt in Wahrheit zu weniger statt zu mehr Gewissheit. Die Anzahl von Stimmen und Meinungen, die uns zu jedem beliebigen Thema zur Verfügung stehen, ist so einschüchternd groß, dass wir oft nicht wissen, wem oder was wir glauben oder folgen sollen.

Es ist allerdings auch so, dass diese turbulenten Zeiten großartige Gelegenheiten und reiche Möglichkeiten zu Innovation bieten. Die Welt wird kleiner, und langsam erkennen wir das Potenzial, das darin liegt, der täglichen Komplexität in wahrhaft kreativer, produktiver und mitfühlender Weise zu begegnen. Es ist an der Zeit, die Führung zu übernehmen und neu zu definieren, was es bedeutet, dies mit Exzellenz zu tun.

In meiner eigenen Erfahrung zunächst als Mitarbeiterin an der Wall Street, in meinem ehrenamtlichen Engagement, als Angestellte in drei großen Organisationen, in über fünfzehn Jahren in einem Fortune-200-Unternehmen und schließlich in meiner Arbeit mit dem Mindful-Leadership-Training mit Menschen aus aller Welt habe ich stets festgestellt, dass die besten Führungsqualitäten weit darüber hinausreichen, „den Job zu erledigen". Die besten Führungskräfte sind Frauen und Männer, die sowohl eine erstklassige Ausbildung haben als auch einen hellen Verstand, die warmherzig sind und sich leidenschaftlich für ihre Aufgabe begeistern, eine starke Verbindung zu ihren Kollegen haben sowie Gemeinschaftssinn und den Mut, sich dem Leben zu öffnen. Sie empfinden einen Drang zu Exzellenz, zu Innovation und dazu, etwas zu bewirken.

Dennoch kommt es ihnen hin und wieder so vor, als seien all ihre Fähigkeiten und ihr Führungskräftetraining nicht genug. Sie erzählen mir, dass, obwohl sie ihre Sache gut machen und die Quartalsziele erreichen, sie einfach nicht spüren, dass sie ihr Leben auf die bestmögliche Weise leben – bei der Arbeit wie privat. Sie spüren, dass ihnen etwas fehlt. Aber was?

Die häufigste Antwort lautet:

Raum

Oft haben wir schlichtweg nicht den Raum, den Platz zum Atmen, der notwendig ist, um klar und konzentriert zu sein und uns selbst und den anderen wirklich zuzuhören. Wie wir in Jims Geschichte gesehen haben, erfordert es Mut und etwas Übung, um so einen Raum absichtsvoll zu schaffen.

Eine Möglichkeit, sich mehr Raum im Leben zu schaffen, ist die Teilnahme an einem Mindful-Leadership-Retreat. Auf einem Retreat, das ich kürzlich leitete, bezeichnete Sarah, Marketing Direktorin in der Mitte ihrer Laufbahn, ihren Tag als „Spießrutenlauf". Wie viele andere jongliert sie mit einer jungen Familie und einer erfolgreichen Karriere. Nach einer früh-morgendlichen Meditationssitzung erzählte sie mir und den anderen Teilnehmenden, dass ihr Leben voll bis zum Anschlag sei: „Nach der Hälfte meines Arbeitstages fühle ich mich erfolgreich, weil ich denke, dass ich gerade etwas Großes vollbringe – schließlich bin ich doch von Termin zu Termin gerannt. Irgendwas Sinnvolles muss dabei ja herauskommen! Außerdem bekomme ich gutes Feedback von meinem Vorgesetzten."

Später an diesem Tag, als Sarah die nicht verplante Zeit des Retreats dazu benutzte, innezuhalten und sich ihren Tagesablauf etwas genauer anzuschauen, begann sie zu verstehen, dass der Unterschied zwischen einem vollen Tagesplan und einem Leben in Fülle enorm sein kann. „Ich hake einfach meine To-do-Liste ab", sagte sie, „aber ich bin nicht wirklich dabei. Nie habe ich genug Zeit, um so kreativ oder innovativ zu sein, wie ich es sein könnte. Und oft fühle ich mich so durch den Tag gehetzt, dass ich nur kurz meine Zustimmung gebe, um ein Projekt von meinem Schreibtisch zu kriegen, auch wenn ein Teil von mir weiß, dass ich mehr dazu hätte beitragen können, wenn ich nur etwas mehr Zeit hätte."

Sarah erkannte, welchen Tribut das ständige Leben in der Tretmühle fordern kann. Jene Kreativität und Innovation, die Früchte einer gesunden Zusammenarbeit sind, leiden sehr oft: Wie können wir auch von gutem Kontakt zu unseren Kollegen und weiteren Kreisen ausgehen, wenn wir so beschäftigt sind, dass wir es gerade noch schaffen, die Dinge abzuhaken, im Vorbeigehen ein oberflächliches Hallo an unsere Kollegen zu richten und uns irgendwie durch die Termine und Telefonate des Tages zu manövrieren? Können wir realistischerweise exzellente Führungsleistungen erwarten, wenn wir ganze Tage im Autopilot-Modus verbringen – auf unsere Uhren schauend und uns fragend, wo der Tag hin ist; auf den Kalender schauend und uns fragend, wie es Frühling sein kann, wo es doch gestern erst Herbst war?

Ob unsere Führung Millionen, Hunderte oder nur eine Handvoll Menschen betrifft, wir können uns nicht länger ein Leben im Autopiloten leisten, egal, ob in unseren Familien oder bei der Arbeit. Wir können es uns ebenso wenig weiterhin leisten, den Anschluss an die Menschen zu verpassen, mit denen wir arbeiten, die wir lieben und für die wir uns einsetzen. Wir können nicht länger mit zerstreuten Geistern Entscheidungen treffen und blind agieren und reagieren. Ebenso wenig können wir immer weiter den Bezug verlieren zu dem, was uns ursprünglich einmal zur Einnahme einer Führungsrolle motiviert hat. Wir brauchen Achtsamkeit, um exzellent zu führen.

Bis jetzt haben wir die Notwendigkeit von Präsenz in Führungsrollen im Arbeitskontext beleuchtet. Doch Präsenz in den Führungsrollen im Privatleben ist mindestens ebenso wichtig. Exzellenz beinhaltet bewusste Entscheidungen nicht nur darüber, wie Sie arbeiten, sondern wie Sie Ihr Leben und die Beziehungen zu Ihrer Familie, Ihren Freunden und allen anderen gestalten. Wir brauchen achtsame Führungskompetenz, um exzellent zu leben.

Was genau macht eine achtsame Führungskraft aus?

Eine achtsame Führungskraft verkörpert Führungspräsenz, indem sie Konzentration, Klarheit, Kreativität und Mitgefühl zum Wohle anderer entwickelt.

Führungspräsenz ist eine erfahrbare Eigenschaft. Sie erfordert vollständige, nicht-urteilende Aufmerksamkeit im gegenwärtigen Moment. Diese Präsenz ist auch für andere sichtbar und fühlbar.

Ein Freund von mir nahm an einer Kundgebung teil, in der Hoffnung, vom damaligen Präsidentschaftskandidaten Bill Clinton eine Antwort auf eine wichtige Frage bezüglich des Gesundheitssystems zu bekommen. Natürlich traf er bei seiner Ankunft auf eine wuselige, laut rufende Menge, doch er manövrierte sich bis zur Polizeiabsperrung vor und wartete. Bald darauf erschien Clinton und begann, an der Barrikade entlang zu gehen und Hände zu schütteln. Als mein Freund seine Hand ausstreckte und Clinton sie nahm, brüllte er seine Frage heraus. Clinton hielt inne, sah ihn an und antwortete dann. Später erzählte mir mein Freund: „In den paar Momenten, in denen wir sprachen, wirkte es, als ob Clinton mit nichts anderem beschäftigt sei. Es war, als sei niemand außer uns da." Er fühlte sich gehört und respektiert. Das ist Führungspräsenz: Die volle Aufmerksamkeit auf das richten, was man gerade tut. Das entgeht niemandem.

Führungspräsenz ist machtvoll. Wahrscheinlich haben Sie es auch schon einmal selbst erlebt, sei es an Ihnen selbst oder jemand anderem. Vielleicht in einem Gespräch unter vier Augen oder auch in einem vollen Publikum sitzend. Präsenz spürt man, auch aus großer Distanz.

Zweifellos haben Sie auch schon die viel üblichere Erfahrung gemacht, sich selbst nur teilweise anwesend zu fühlen oder zu spüren, dass die Person, mit der Sie gerade sprechen, nicht wirklich präsent ist. Auch wenn man die noch so feste Absicht hat, sich zu konzentrieren, der Geist lässt sich sehr leicht ablenken. Er denkt über die Vergangenheit oder die Zukunft nach und ist, wenn überhaupt, nur zum Teil anwesend. In solchen Momenten verwirklichen Sie nicht das uns allen angeborene Vermögen, präsent zu sein.

Warum ist das so? Was wissen wir über die Fähigkeit, *präsent zu sein*?

Rufen Sie sich doch einmal einen Moment ins Gedächtnis, in dem Sie hundertprozentig aufmerksam waren. In dem es nichts anderes zu geben schien als das, was sie gerade erlebten. Das könnte ein so bedeutsamer Moment wie der der Geburt Ihres Kindes sein. In diesem Augenblick schien die Zeit stillzustehen, und nichts existierte mehr, außer der Wärme dieses wunderbaren Wesens, das sanft in Ihren Armen schlief. Sie waren nicht abgelenkt von Gedanken an noch zu Erledigendes oder den Geräuschen auf dem Flur. Ihre ganze Aufmerksamkeit – samt Geist, Körper und Herz – ging ganz und gar in diesem einen Moment auf.

Vielleicht war es aber auch ein eher alltäglicher Moment, einer von denen, die man sonst leicht übersieht. Möglicherweise haben Sie innegehalten, um den Sonnenuntergang zu betrachten. Vielleicht erinnern Sie sich, dass Sie wie angewurzelt stehen blieben, gefesselt von solcher Schönheit, ganz und gar anwesend, und es schien Ihnen wie eine Ewigkeit, auch wenn es nur ein paar Sekunden gewesen sein mögen. In diesen Sekunden wurden Sie der Nuancen von Rosa und Orange gewahr, dem verwinkelten Spiel von Licht und Schatten, waren wie gebannt angesichts der schwindenden Energie der Natur und dem Gefühl, Teil von etwas zu sein, das so viel größer ist als Sie.

Vielleicht waren Sie am Morgen in einem Café, in Gedanken den aufziehenden Tag überfliegend, sahen von Ihrer Tasse auf und nahmen plötzlich ein Kunstwerk an der Wand oder den warmen behaglichen Duft im Raum wahr. Was auch immer es war, es unterbrach Ihren geschäftigen Geist und Sie lebten diesen Moment Ihres Lebens in größerer Fülle.

Solche Momente, in denen wir unseren Körper ganz bewohnen und unsere Sinne mit mehr als inneren Geschichten, Checklisten oder den gedanklichen Proben für ein bevorstehendes Gespräch beschäftigt sind, verleihen dem Leben seine wahre Bedeutung. Darüber hinaus ist die Fähigkeit, gegenwärtig zu sein und Führungspräsenz zu verkörpern, für Menschen in einflussreichen Positionen nicht nur persönlich bedeutsam, sie hat auch einen *Welleneffekt* auf die Menschen um uns herum: unsere Familie und Freunde, das Unternehmen, in dem wir arbeiten, die Gemeinschaft, in der wir leben, und potenziell die ganze Welt. Ein Kieselstein, in einen stillen Teich geworfen, kann Wellen über das ganze Wasser verbreiten. Genauso können die Effekte von Führungspräsenz weit über uns persönlich hinaus wirken.

Diesen Welleneffekt beobachten wir, wenn das Institut ein Mindful-Leadership-Training in einer Organisation anbietet. Oft beginnen wir mit Retreats oder Kursen für die höherrangigen Führungskräfte, und da sich ihr Führungsstil durch das Training verändert, bemerken die sie umgebenden Menschen diese Veränderung und möchten dann ebenfalls an dem Training teilnehmen. Es ist nicht ungewöhnlich, Menschen von der Wandlung ihrer Vorgesetzten erzählen zu hören. Jemand berichtete: „Ich bin in diesem Retreat, weil meine Chefin, als ich sie fragte, wie sie es schaffe, mir immer das Gefühl zu vermitteln, wichtig zu sein und Wertvolles zu sagen zu haben, selbst wenn sie in Arbeit schier ertrinkt, mir vorschlug, mich mit Mindful Leadership zu beschäftigen. Also, hier bin ich." Als Führungskräfte wissen wir, dass wir den Einfluss, den wir auf unser Umfeld haben, oft unterschätzen, sei er nun gut oder schlecht. Wenn wir präsent und engagiert sind, ist der Effekt ein völlig anderer, als wenn wir abgelenkt und im Autopilot-Modus sind. Aber es reicht nicht, präsenter sein zu *wollen*, einen positiven Welleneffekt erzeugen zu *wollen*. Wir müssen unseren Geist schulen.

Der Weg, Führungspräsenz durch Achtsamkeit zu entwickeln, beginnt mit der Erkenntnis, wie viel Zeit wir in einem mentalen Zustand verbringen, den man *ununterbrochen teilweise Aufmerksamkeit*[3] nennt. Wie die meisten Menschen sind Sie vermutlich stolz auf Ihre Multitasking-Fähigkeiten: unglaublich effizient sein, indem man gleichzeitig einer Telefonkonferenz zuhört, ein paar E-Mails schreibt und einen Salat am Schreibtisch isst.

Klingt vertraut? Aber haben Sie bei der Konferenz überhaupt wirklich etwas gehört? Haben Sie in den E-Mails Ihre brillantesten Gedanken mitgeteilt? Haben Sie Ihr Mittagessen genossen oder wenigstens mitbekommen, dass Sie es gegessen haben?

Eine meiner denkwürdigsten Lektionen zu dem Preis des Multitaskings erhielt ich eines frühen Morgens, als ich an meinem Schreibtisch saß, mich auf einen Tag voller Termine vorbereitete und die neuesten E-Mails las. Eine Nachricht kam von meinem Mann, der mir eine E-Mail von der Lehrerin meiner Tochter weitergeleitet hatte. Wir wurden gebeten, in ihrem Kalender einen Termin für ein Elterngespräch auszuwählen, und mein Mann wollte wissen, welchen ich bevorzugte. Ich schrieb meinem Mann: „Donnerstag um zehn wäre gut. … Ich liebe dich in alle Ewigkeit, danke für letzte Nacht." Prima. Außer, dass ich in meiner Eile und geteilten Aufmerksamkeit diese Worte an die Lehrerin schrieb. Unnötig zu erwähnen, dass dies zu einem erinnerungswürdigen Moment wurde, als ich schließlich bemerkte, was passiert war.

Kein großer Schaden, nur eine relativ geringfügige Peinlichkeit. Natürlich, alle, die seit einer gewissen Zeit im Berufsleben stehen, können fast täglich über fehlerhafte E-Mails voller unvollständiger, hastiger Gedankengänge von zweifelhaftem Wert berichten.

Beobachten Sie einmal einige Augenblicke lang die Leute auf den Fluren bei der Arbeit oder auf dem Bürgersteig vor dem Haus, das kann Ihnen ebenfalls einen Eindruck von der Unverbundenheit vermitteln, die Multitasking verursacht. Sie werden Menschen sehen, die Nachrichten schreiben und E-Mails checken, während sie gehen, gerade noch aus-

---

3 In der englischsprachigen Fachliteratur ist der Begriff *continuous partial attention* gebräuchlich, er beschreibt die Aufnahmefähigkeit für gleichzeitige und möglicherweise verschiedenartige Reize. (Anm. d. Übers.)

weichend, um sich nicht gegenseitig umzurennen oder gegen Wände zu stoßen. Das ist sogar dann akzeptabel geworden, wenn man sich dabei zusätzlich noch mit jemandem unterhält. Es gab einmal eine Zeit, da hätte dies als unhöflich gegolten. Mal von den Manieren abgesehen kann diese ununterbrochen teilweise Aufmerksamkeit allerdings auch erschöpfend und ineffizient sein. Die Neurowissenschaft belegt inzwischen, dass die Fähigkeit des Geistes zum Multitasking extrem begrenzt ist. Eigentlich sind wir dazu gemacht, eine Sache nach der anderen zu tun.

Früher waren die Flure vor den Büros Orte ungezwungener Begrüßungen und spontaner Unterhaltungen. Hier wurden wertvolle Kontakte geknüpft. Räumlich betrachtet hatte man beim Gang über den Flur ein paar Momente Zeit, in denen man die Themen der letzten Besprechung hinter sich lassen und mit neuer Offenheit die nächste betreten konnte. Heute findet kaum noch Kontakt statt, während alle den Flur entlang eilen, mit den Daumen über Smartphones fliegend. Und schließlich kommt man dann bei einem Termin an, obwohl man gedanklich noch beim vorherigen ist.

Wir führen ein eiliges, fragmentiertes, komplexes Leben und wir verlieren scheinbar allzu leicht die Fülle und das Engagement, die ein Dasein im gegenwärtigen Moment mit sich bringt. Angesichts all der Verlockungen, uns ablenken zu lassen, unsere Intuition zu ertränken und unsere Aufmerksamkeit zu fragmentieren, können wir leicht durchs ganze Leben gehen, ohne je alle unsere Möglichkeiten und unsere volle Aufmerksamkeit in den Augenblick eingebracht zu haben.

Was also ist zu tun? Ist Führungspräsenz ein Talent, das nur einigen Wenigen vergönnt ist, oder kann man sich darin üben? Können wir unseren Geist trainieren und unsere Absicht verwirklichen, in Konzentration, Klarheit, Kreativität und Mitgefühl zu leben, selbst wenn sich unser Leben eilig, fragmentiert und komplex gestaltet?

Glücklicherweise können wir das.

Mit Exzellenz führen, ganz präsent bei einer Tätigkeit sein und mit anderen in Kontakt kommen – das sind naturgegebene Fähigkeiten, über die wir alle verfügen. Gute Führungskräfte oder solche, die es werden wollen, brennen meiner Erfahrung nach geradezu darauf, diese Fähigkeiten zu erweitern. Mindful-Leadership-Training zielt genau darauf ab. Mit einfachen Methoden, die Ihre Aufmerksamkeit und Ihre Fähigkeit verfeinern, sich in jedem Moment bewusst zu sein, was in Ihrem Körper und Ihrem Geist vor sich geht, können Sie von all Ihren Möglichkeiten Gebrauch machen – mit klarem Geist, warmem Herzen und weisen Entscheidungen – und die Resultate authentischer Führung erleben.

Eine Kostprobe aus dem Mindful-Leadership-Training

Wagen Sie ein Experiment, um sich mit den Aktivitäten Ihres Geistes vertraut zu machen. Genau jetzt. Setzen Sie sich bequem hin, schließen Sie Ihre Augen und werden Sie gewahr, dass Sie atmen. Spüren Sie einfach den Atem in Ihrem Körper. Nur das. Das ist die einzige Aufgabe auf der Liste. Verändern Sie Ihren Atem nicht, nehmen Sie einfach nur wahr, wie er in den Körper ein- und ausströmt. Versuchen Sie es für fünf Minuten. Halten Sie die Aufmerksamkeit auf den körperlichen Empfindungen.

Was ist Ihnen aufgefallen?

Wie für die meisten Menschen war vielleicht auch für Sie diese scheinbar einfache Aufgabe nicht ganz so leicht. Haben Sie bemerkt, wie Ihr Geist von Gedanke zu Gedanke gesprungen ist, auch wenn Sie die Aufmerksamkeit bei den Empfindungen halten wollten?

Mit etwas Übung kann die Wahrnehmung der Atemempfindungen ein nützlicher Anker sein, um in die Gegenwart zurückzukehren, selbst mitten in einem chaotischen Treffen oder einem schwierigen Gespräch, wenn der Geist sonst möglicherweise voller Ablenkungen wäre. Den Atem kann man nur in der Gegenwart wahrnehmen, nicht in der Vergangenheit und nicht in der Zukunft. Wenn Sie also Ihre Aufmerksamkeit ein paar Atemzüge lang absichtsvoll auf die Empfindungen lenken können, kehrt der Geist von seinen Sorgen um die Zukunft oder den Erinnerungen an die Vergangenheit zurück, genau hierher, in diesen Moment.

Was Ihnen wahrscheinlich klarer wird, je präsenter Sie werden, ist, dass die Ablenkungen, die oft den Geist anfüllen, genau die Klarheit verschleiern, die Sie benötigen, um eine Situation zu lenken, Raum zu schaffen für Innovation oder sich für das notwendige Mitgefühl zu öffnen.

Auch wenn die vielen Ablenkungen durch die Technologie und den ununterbrochenen Informationsfluss unsere Aufmerksamkeit dazu verführen, sich mehr und mehr zu zerstreuen und überall, bloß nicht in der Gegenwart zu sein, ist doch die Fähigkeit des Geistes, Aufmerksamkeit zu lenken und zu halten, immer vorhanden, und sie kann gestärkt werden. In diesem Leitfaden zu Mindful Leadership werden Sie viele Möglichkeiten kennenlernen, den Geist darin zu üben und dies in die alltäglichen Herausforderungen Ihres Lebens und Ihrer Arbeit als Führungskraft in der heutigen Welt einzubringen.

Eine Anmerkung zu Achtsamkeit, Stress und Gesundheit

Bei der Entwicklung von Achtsamkeit im Kontext von Leadership geht es nicht in erster Linie um die Verbesserung von Gesundheit und Wohlbefinden. Dennoch zeigen die persönlichen Erfahrungen von vielen Tausenden Achtsamkeit Praktizierenden sowie die Ergebnisse zahlreicher Studien, dass die Gesundheit sich dadurch auf vielfältige Weise verbessert. Das Stichwort bezüglich der gesundheitlichen Auswirkungen lautet „Stressbewältigung".

Was wir Stress nennen, ist ein komplexes System in unserem Körper und Geist. Wir brauchen Stress, um effektiv auf Herausforderungen, Bedrohungen und Notfälle zu reagieren. Aber wenn Körper und Geist in einem ständigen Zustand hoher Stressreaktivität sind, fordert dies seinen Tribut. Eine der wichtigsten Wirkungsweisen von Achtsamkeit auf die Gesundheit liegt darin, zu lernen, die eigene Stressreaktion zu regulieren.

Zudem kann höhere Aufmerksamkeit auf das eigene körperliche und geistige Befinden dazu führen, einen Lebensstil zu entwickeln, der unserer Gesundheit auf lange Sicht zugutekommt.

Einige Forscher kamen auch zu dem Schluss, dass Achtsamkeitspraxis zu mehr Widerstandsfähigkeit führt, uns also die Herausforderungen des Lebens mit mehr Gelassenheit überstehen lässt. Eine von Jon Kabat-Zinn und Richard Davidson durchgeführte Studie zeigte bei Mitarbeitern einer Firma für Biotechnologie in Wisconsin, die an einem Achtsamkeitsprogramm teilnahmen, Gehirnaktivitäten, die auf weniger Reaktivität angesichts von Herausforderungen schließen lassen, was natürlich zu „weniger Stress" führt. Wenn Sie einer Herausforderung mit mehr Ruhe begegnen können, anstatt überzureagieren, bedeutet das eine Verbesserung Ihrer Gesundheit. Und natürlich tragen diese positiven Effekte auf die körperliche Gesundheit und das allgemeine Wohlbefinden zusätzlich zur Entwicklung von Führungsexzellenz bei.

Kapitel 2

Raum schaffen, um zu führen

Du musst lernen, still zu sein inmitten von Aktivität, und voll sprühender Lebendigkeit, wenn du ruhst.

INDIRA GANDHI

Es war um die Jahrhundertwende, das neue Jahrtausend dämmerte herauf, und wie so viele andere arbeitete ich an der Vervollkommnung meiner Jonglierkünste. Aber nicht für den Zirkus. Ich war eine Multitasking-Jongleurin. Alle Bälle in meinem Leben in der Luft zu halten war eine Kunst, die schnelle Bewegungen und sorgfältige Balance erforderte. Ich jonglierte mit den verschiedenen Rollen, die ich einnahm:

Ehefrau – verheiratet mit meinem Liebsten aus Studienzeiten (glücklicherweise noch immer)

Mutter – zweier wunderbarer Kinder, damals zehn und fünfzehn Jahre alt

Geschäftsführerin – Vizepräsidentin und stellvertretende Betriebsrätin von General Mills

Tochter – mit sehr enger Beziehung zu meinen alternden Eltern

Ehrenamtliches Engagement – als Vorstandspräsidentin einer wichtigen lokalen Non-Profit-Organisation

Mein Leben war sehr voll und sehr, sehr geschäftig, aber irgendwie hatte ich den Eindruck, dass alles genau so lief, wie es sollte. Dann kam ein neuer Ball dazu. Nicht irgendeiner, sondern ein großer Ball, einer in der Größe eines Medizinballs.

General Mills hatte beschlossen, die Pillsbury Company zu übernehmen, was im Prinzip den Zusammenschluss zweier gleich großer Firmen bedeutete, und ich war beauftragt worden, den Antrag auf Genehmigung bei der Kartellbehörde zu stellen, den die föderale Handelskommission verlangte. Zunächst schien es sich um einen normalen Auftrag zu handeln, und ich hatte bereits viele Übernahmen geleitet – aber das Ganze sollte sich schließlich als wahnwitziger Albtraum herausstellen. Anstelle der üblichen vier bis fünf dauerten diese Verhandlungen aufgrund ihrer Komplexität fast 18 Monate. Die genaueren Umstände, die diesen vermeintlich relativ einfachen Übernahmeprozess dermaßen in die Länge zogen, sind ein eigenes Buch wert. Für jetzt mag es genügen, zu sagen, dass der Prozess über Monate hinweg Zwölf- bis Vierzehnstundentage erforderlich machte und dass die Besorgnis aller Beteiligten von Tag zu Tag wuchs. Oft betrat ich mein Büro in der Morgendämmerung und verließ es lange nach Einbruch der Dunkelheit.

Eines Montagmorgens, als ich von meinem Auto zum Büro ging, in Gedanken bereits bei den vielen Terminen des Tages, begegnete ich einem leitenden Angestellten von Pillsbury. Er fragte, wie es so liefe, und als ich von den vielen Herausforderungen, die wir zu bewältigen hatten, erzählte, sagte er: „Wissen Sie, wenn Sie diese Übernahme nicht durchkriegen, werden wahrscheinlich zehntausend Menschen bei Pillsbury ihre Arbeit verlieren."

Seine Worte verließen mich während der gesamten Übernahmeverhandlungen nicht mehr. Zehntausend Arbeitsplätze bedeuteten schließlich zehntausend Familien, und ich wollte nicht, dass sie in Not gerieten. Seine Worte fügten ein zusätzliches Gewicht zu dem Druck hinzu, den ich bei diesem Auftrag ohnehin schon empfand. Im Verlauf der Monate wurde der Ball immer schwerer. Aus dem Medizinball war ein Felsbrocken geworden. Er war einfach zu groß, um damit zu jonglieren. Er bestimmte mein ganzes Leben.

Dann, sechs Monate weiter im Genehmigungsprozess, während es mir gerade so eben gelang, eine fragile Balance zu halten, starb meine Mutter. Der Boden unter meinen Füßen bebte. Sie war krank gewesen und mir war klar, dass sie nicht mehr lange bei uns sein würde, aber auf den tatsächlichen Moment ihres Todes war ich nicht vorbereitet. Ich weiß nicht, ob je irgendjemand auf einen solchen Moment vorbereitet ist. Da niemand in der Firma mich vertreten konnte und auch, um mich von meinem Schmerz abzulenken, ging ich gleich am Tag nach der Beerdigung wieder in aufreibendem Tempo zu meiner Arbeit an dem Zusammenschluss über.

Dann gab es eine erneute schmerzliche Wendung. Nur sechs Monate nach dem Tod meiner Mutter fand ich mich völlig benommen bei den Vorbereitungen für den Gedenkgottesdienst für meinen Vater wieder. Sein Tod war plötzlich eingetreten; er war auf dem Operationstisch an Komplikationen während eines Eingriffs gestorben. Ich fühlte, wie der sowieso schon wacklige Boden unter meinen Füßen noch mehr bebte: Meine Eltern waren innerhalb von sechs Monaten verstorben, und ich hatte keine Zeit, den Verlust dieser Menschen zu betrauern, die in meinem Leben so wichtig und so prägend dafür gewesen waren, wie ich mein Leben lebte.

Ich war nervös, und um ehrlich zu sein, bekamen einige Seiten meines Lebens absolut nicht die Aufmerksamkeit, die sie gebraucht hätten. Irgendwie gingen die Verhandlungen um Pillsbury schließlich zu Ende, die Übernahme fand statt, und die Massenentlassungen waren abgewendet. Endlich.

Jetzt, dachte ich, *kann ich in mein normales Leben zurückkehren. Jetzt werde ich wieder die Nächte durchschlafen können und etwas von den zwanzig Pfund zurückgewinnen, die ich verloren habe. Jetzt werde ich die Wunden, die der Verlust meiner Eltern hinterlassen hat, heilen können.*

Aber so kam es nicht.

Auch als ich an der weiteren Zusammenführung der beiden Firmen mitarbeitete und etwas normalere Arbeitszeiten hatte, gewann ich die Energie und Kraft nicht wieder, die mich die letzten Monate gekostet hatten. Kaum eine Pause, um auszuruhen oder mich meinen Gefühlen bezüglich des Todes meiner Eltern zuzuwenden. Ich war wieder am gleichen Punkt. Ich jonglierte wieder. So machen das hart arbeitende Erfolgsmenschen. Wir gehen direkt zurück aufs Spielfeld. Wir spielen auch verletzt. Dafür ernten wir Lob und Anerkennung.

Aber ein Teil von mir war nicht mehr dabei, und ich hatte keine Ahnung, wie ich ihn zurückbekommen könnte. Später sollte ich dann verstehen, dass ich so viel mentale Energie verbraucht hatte, dass meine Widerstandsfähigkeit einfach brachlag.

Entdeckung der Achtsamkeit

Ein befreundeter Arzt durchschaute mein stets freundliches Lächeln. Eines Tages meinte er, das, was ich nun wirklich brauchte, sei eine Woche in einem Thermalbad, jemand, der sich um mich kümmere, gutes Essen, Massagen und viel Schlaf. Am nächsten Tag schickte er mir per E-Mail die neueste Zagat Survey[4] zu den besten Kurorten im Land. Ganz oben auf der Liste stand Miraval in Arizona. Als ich den Link öffnete, sah ich ein schönes Resort in der Wüste, das ein Verwöhnprogramm und eine ganze Reihe von Kursen und Dienstleistungen anbot. Es sah wunderbar aus. Natürlich konnte ich mir noch nicht einmal vorstellen, zu meiner Familie nach Hause zu kommen und ihr zu eröffnen, dass ich ohne sie in den Urlaub fahren würde. Ich hatte sie schon allein in die Ferien schicken müssen, als der Übernahmeprozess an einem kritischen Punkt stand, und ich wollte sie nicht schon wieder allein lassen. Also konnte ich nicht gehen.

Als ich einen letzten Blick auf die Webseite von Miraval warf, bemerkte ich ein spezielles Programm, das als intensives Retreat für Führungskräfte über „die Kraft der Achtsamkeit" beworben wurde, geleitet von Jon Kabat-Zinn. Ich hatte noch nie von Jon gehört, aber die Vorstellung

4 Ein bekannter amerikanischer Hotel- und Restaurantführer. (Anm. d. Übers.)

eines mentalen Trainings faszinierte mich, also machte ich mich kundig, worum es bei dieser Achtsamkeits-Sache ging.

Ich bin kein New-Age-Typ. Ganz und gar nicht. Ich war Firmenvizepräsidentin und arbeitete für General Mills. Ich wohnte nicht in Baja am Strand. Ich wohnte in Minnesota. Ich liebte es zwar, den Baum draußen vor meinem Büro zu betrachten, aber ich war weit davon entfernt, mit Blumen im Haar barfuß darum herumzutanzen. Wenn ich sechs Tage an einem Training in einem Kurort teilnahm, wollte ich sichergehen, dass es die Zeit wert war.

Ich fand einige Forschungsarbeiten zu der Effektivität von etwas, das sich *Mindfulness-Based Stress Reduction* nannte – und es klang überzeugend. Dann erfuhr ich, dass der Begründer dieser Methode eben derjenige war, der das Training leiten würde, und dass er Mikrobiologe mit Doktortitel vom Massachusetts Institute of Technology war. Anhand dieser Tatsachen war ich mir recht sicher, dass diese Methode auf wissenschaftlichen Erkenntnissen und nicht auf New-Age-Sprüchen und Klischees beruhen würde. Nach Rücksprache mit meiner Familie, die mich voll und ganz unterstützte, meldete ich mich an.

Es stellte sich als etwas völlig anderes heraus als alles, was ich jemals erlebt hatte, und ich zähle es noch immer zu den zehn schwierigsten Dingen, die ich je getan habe. Es begann damit, dass Jon uns, zu zwölft im Kreis sitzend, eröffnete, dass wir nun eine dreiviertel Stunde sitzen und meditieren würden. Ich erinnere mich noch, was mir in diesem Moment durch den Kopf ging: *Hat er gerade gesagt, dass wir eine dreiviertel Stunde still sitzen?! Warum denn so lange? Ich werde diese Woche nicht meinen Geist trainieren, ich werde verrückt werden!*

Interessanterweise habe ich auch eine lebhafte Erinnerung an den letzten Tag des Trainings, als ich mein kleines Meditationskissen in die Kiva[5] trug, in der wir uns zur morgendlichen Praxis trafen, und dachte: *Es wird nur eine Stunde dauern. Das ist nicht mal annähernd lang genug.*

5 Ursprünglich ein Zeremonien- und Versammlungsraum der Pueblo-Kulturen, hier ist damit ein Meditationsraum gemeint. (Anm. d. Übers.)

Zwischen diesen beiden kontrastreichen Momenten – sozusagen das Vorher-nachher-Bild meines ersten Ausflugs in die Achtsamkeit – erfuhr ich, wie es ist, den Geist im gegenwärtigen Augenblick sein zu lassen. Ich erfuhr, dass die meisten Menschen ihr ganzes Leben damit verbringen, sich abzulenken und so viel über die Vergangenheit und Zukunft nachzudenken, dass wir schließlich den jetzigen Moment verpassen, den einzigen, den wir zu leben und auf den wir Einfluss haben.

Nach all dem Multitasking und dem Versuch, die verschiedenen Anforderungen meines Lebens auszubalancieren, nach dem jahrelangen Dauerlauf und der immensen Intensität der letzten achtzehn Monate – jetzt anzuhalten und zu lernen, präsent zu sein, fühlte sich an, wie gegen eine Backsteinmauer zu prallen. Während dieser Tage der persönlichen Erkundung von Achtsamkeit begann ich langsam, meine angeborene geistige Fähigkeit zur Präsenz wieder zu entdecken. Und durch diese Entdeckung begann ich, mich wieder mit mir selbst zu verbinden, mit Geist, Körper und Herz. Langsam entstand in mir ein wenig geistige Widerstandsfähigkeit.

Als ich nach Hause kam, begrüßte mich mein Mann an der Tür und bemerkte sofort, dass sich etwas verändert hatte. Ich war offener, ausgeruhter und friedlicher als ich es seit Langem gewesen war. Ich machte mit meiner täglichen Meditationspraxis weiter und bemerkte, wenn ich während des Tages nicht achtsam war. Zum Beispiel ertappte ich mich dabei, wie ich über die morgige Besprechung nachdachte, anstatt derjenigen zu folgen, in der ich mich gerade befand, oder ich checkte meine E-Mails, während ich an meinem Schreibtisch zu Mittag aß, und stellte fest, dass ich keine Ahnung hatte, wie meine Suppe eigentlich schmeckte. Andererseits bemerkte ich gelegentlich auch, dass ich durch meine Praxis, etwas inneren Raum zu schaffen und bewusst eine andere Wahl zu treffen, meine typischen Reaktionen auf bestimmte Personen oder Situationen bremsen konnte. Es wurde zu einer faszinierenden Erkundung meiner eigenen Konditionierungen und der Möglichkeit, meine mentalen Fähigkeiten zu erweitern.

In diesen ersten Jahren meditierte ich gewissermaßen heimlich. Ich war ziemlich sicher, dass die meisten meiner Kollegen nicht verstehen würden, warum ich meditierte und dass ihnen die Vorstellung nicht gefallen würde, mitanzusehen, wie sich eine leitende Anwältin der Firma in einen dieser stereotypischen, lässigen, durch nichts aus der Ruhe zu bringenden Meditationsfreaks verwandelt. Anwälte müssen schließlich reizbar und durchsetzungskräftig sein. Das fehlende Wissen meiner Kollegen über Achtsamkeitspraxis könnte sie zu der Frage veranlassen, ob die Meditation nicht den Verlust meines Schwungs und Engagements nach sich ziehen würde.

Ich entwickelte indes meine tägliche Meditationspraxis weiter und wollte schon bald mehr darüber wissen. Ich meldete mich für ein Alumni-Retreat für die ehemaligen Teilnehmer von Jons Kurs „Die Kraft der Achtsamkeit" an. Es wurde von Saki Santorelli geleitet, dem Geschäftsführer des Center for Mindfulness in Medicine, Health Care and Society an der University of Massachusetts Medical School.

Die Begegnung mit Saki war der Auftakt zu einem mehrjährigen gemeinsamen Weg, auf dem wir vielfältige enge Beziehungen zueinander knüpften. Er teilte mit mir seine Weisheit und Erfahrung in Bezug auf Achtsamkeit und half mir, meine Praxis deutlich zu vertiefen, und er lehrte mich die Kunst, Achtsamkeit zu lehren. Ich wurde Mitglied des Beirats des Center for Mindfulness, Direktorin für die dortige Leadership-Schulung und bot dem Center zur Unterstützung meine Fertigkeiten als ausgebildete Strategin an. Wir wurden Kollegen und Freunde. Zusammen entwickelten wir das erste Mindful-Leadership-Curriculum und leiteten fast fünf Jahre lang gemeinsam Mindful-Leadership-Retreats. Es war ein fruchtbares und reichhaltiges Übungsgelände für meine Praxis und für das, was schließlich eine wesentliche Veränderung in meinem Leben werden sollte.

Unterdessen bemerkte ich bei meiner Arbeit für General Mills, dass meine Achtsamkeitspraxis mich auch zu einer besseren Führungskraft machte. Gleichzeitig wurde mir die Belastung meiner Freunde, Kollegen und Bekannten aus anderen Bereichen immer deutlicher bewusst. Es war und ist noch immer unglaublich schwierig, mit Exzellenz zu führen. Diese Menschen arbeiteten sehr hart und waren erschöpft und auch frustriert, weil sie nicht über ausreichend Zeit und Raum verfügen, um die kreativen Lösungen, das Mentoring und das strategische Wissen einzubringen, die in ihren Möglichkeiten lagen.

Ich begann mich zu fragen, ob das Achtsamkeitstraining, das ich mitgemacht hatte, nicht auch dazu genutzt werden könnte, einige der angeborenen mentalen Fähigkeiten zu kultivieren, die in direktem Zusammenhang mit exzellentem Leadership stehen. Es hatte auf mein eigenes Leben eine Wirkung, die weit über Stressbewältigung hinausging. Es verwandelte meine Art, dem Chaos des Lebens zu begegnen, und diese Veränderung wurde langsam für mein Umfeld spürbar.

Eines späten Nachmittags saß ich an meinem Schreibtisch. Ich schaute auf meine Uhr und stellte fest, dass es an der Zeit war, nach Hause zu gehen. Ich bemerkte auch ein Gefühl der Zufriedenheit und Erfülltheit angesichts der getanen Arbeit. Fast augenblicklich erinnerte ich mich an Hunderte von Tagen, an denen das nicht der Fall gewesen war, an denen ich auf die Uhr schaute und schockiert war, dass es schon Zeit war, zu gehen, und mich fragte, wo der Tag nur geblieben war.

Dieser kurze Augenblick war ein Durchbruch. Er machte mir klar, wie sehr sich mein Leben durch das Achtsamkeitstraining änderte. Auch wenn ich noch immer weit davon entfernt bin, die ganze Zeit über achtsam zu sein – die Veränderung besteht darin, für meine Familie und meine Arbeit präsent zu sein, anstatt mein Leben zu verpassen.

Die Entdeckung mit meinen Kollegen teilen

Im Herbst 2005 ging ich mit einem Freund zu einer Sitzung der leitenden Angestellten zum Thema Innovation. Wir hatten einen ganzen Nachmittag frei gehalten, um darüber zu sprechen, was den kreativen Prozess behinderte und was ihn beförderte. Wir probierten alle möglichen Methoden aus, die das Auftauchen neuer, bahnbrechender Ideen in Aussicht stellten.

Wir saßen an kleinen Tischen und arbeiteten mit dem Seminarleiter daran, Hürden auf dem Weg zu mehr Innovation zu identifizieren. Nach vielen Stunden und wenig Fortschritt stand einer der Vizepräsidenten auf und sagte etwas frustriert klingend: „Also, es ist ja nicht so, dass wir keine großartigen Ideen haben. Wir haben kluge, kreative Leute. Aber wenn jemand seinem Team eine Idee vorstellt, dann passiert immer das Gleiche: Alle am Tisch stürzen sich auf einmal darauf, mit Kommentaren wie ‚Dafür haben wir kein Geld, die Geschäftsführung wird sich niemals darauf einlassen, so was Ähnliches gab es schon mal vor zehn Jahren, das wird zu lange dauern' und so weiter und so fort. Bevor die Idee überhaupt nur mal einen Atemzug lang existieren darf, um zu sehen, ob vielleicht etwas dran sein könnte, ist sie schon wieder vom Tisch." Die Gruppe konnte sich in seinen Worten gut wiederfinden.

In diesem Moment wusste ich, dass ich einen Weg finden musste, Achtsamkeitstraining in die Entwicklung von Führungsexzellenz zu integrieren. Was der Vizepräsident beschrieb, war die Art und Weise, wie der menschliche Geist sich selbst Geschichten erzählt, die uns dann schließlich einschränken, individuell und kollektiv. Die Herausforderung würde jetzt sein, ein Training zu entwickeln, das für eine eher konservative Firma mit bereits gut ausgebildeten Führungskräften akzeptabel wäre.

Um in kürzester Zeit den größtmöglichen Einfluss zu haben, würde ich zuerst an die Ebene der leitenden Angestellten und Direktoren herantreten müssen. Ich war selbst bereits seit einiger Zeit leitende Angestellte bei General Mills und kannte diese Gruppe von Profis als klug, engagiert und immer auf der Suche nach Exzellenz. Ich wusste auch, dass wir alle Zugang zu einer großen Bandbreite an den neuesten und besten Trainings für Führungskräfte hatten, ein Mindful-Leadership-Training würde sich also an sehr hohen Standards messen lassen müssen.

Da ich angefangen hatte, Achtsamkeit insbesondere zu praktizieren, um meine Effektivität als Führungskraft zu verbessern, mehr Verantwortung zu übernehmen, mich tiefer mit den Menschen in meinem Leben zu verbinden und dabei im Gleichgewicht zu bleiben, hatte ich kein Interesse daran, das Training als Stressbewältigungs- und Gesundheitsförderungsprogramm anzubieten. Dieses mentale Training sollte dazu da sein, einen anderen Weg des Führens zu finden, einen Weg, der zuerst die Führungskraft unterstützen und dann weiter Einfluss auf die Firma als Ganzes haben würde, und vielleicht sogar noch darüber hinaus.

Ich begann, mich mit einzelnen meiner Kollegen darüber zu unterhalten, erzählte ihnen von meinen Erfahrungen und lud sie ein, selbst ein neues Training auszuprobieren, das Saki und ich entwickelt hatten. Als ich vierzehn Teilnehmer beisammen hatte, fuhren Saki und ich mit ihnen zum ersten viertägigen Mindful-Leadership-Retreat in ein kleines Gästehaus in Minnesota. Das Retreat wurde dann unter dem Titel „Cultivating Leadership Presence Through Mindfulness“ bekannt. Es war ein intensives und einzigartiges Erlebnis, und ich war mehr als gespannt auf das aufrichtige Feedback der Teilnehmenden. Ein wenig besorgt war ich allerdings auch. Wie dachten die Leute wirklich darüber? Ich war schon zu lange in einer leitenden Position, um Erfolg als selbstverständlich vorauszusetzen. Ich wollte versuchen, ihn messbar zu machen und mehr über die genaueren Umstände des Erfolgs oder Misserfolgs zu erfahren.

Ich verschickte einen einfachen Fragebogen mit fünf offenen Fragen:

War das Retreat wertvoll?

Gab es Teile darin, die wertlos waren?

Was hat Sie überrascht?

Ist das Training wertvoll für das Unternehmen?

Falls ja, inwiefern?

Als die Bögen zurückkamen, war das am meisten darin vorkommende Wort *transformativ*.

Diese Antwort kam spontan, und als die zurückgekehrten Teilnehmer von ihren Kollegen nach ihren Erlebnissen gefragt wurden, sagten viele lediglich: „Du musst es auch machen.“ Eine virulente Ausbreitung begann und brachte wöchentliche Meditationssitzungen, alle zwei

Monate ausgedehnte Praxistreffen und schließlich ein jährliches Retreat für ehemalige Teilnehmer mit sich. Es war zu keiner Zeit ein offizielles Programm der Firma. Es wurde durch die Führungskräfte selbst begonnen und weitergeführt, und sie waren es auch, die mich nach einer Weile baten, ein Angebot für alle Ebenen ihrer Abteilungen zu erstellen. Diese Nachfrage führte zur Entwicklung eines siebenwöchigen Kurses mit dem Titel „Mindful Leadership and Wellness". Ein paar Jahre darauf wurde ich nach einem Training für neue Manager gefragt und entwickelte daraufhin ein zweitägiges Programm mit dem Titel „Leading differently: The Power of a Purposeful Pause".

Die Tatsache, dass sich dieses Training virulent ausbreitete und die Führungskräfte um mehr zusätzliches Achtsamkeitstraining zu ihrer Unterstützung baten und dann das Training für alle Angestellten in ihrer Abteilung zugänglich machten, spricht bezüglich der Effektivität von Mindful Leadership für sich. Indem sie durch das Training Konzentration, Kreativität, Klarheit und Mitgefühl entwickelten, fanden die Führungskräfte von General Mills den inneren Raum, um mehr Inspiration und Anteilnahme in ihr Arbeitsumfeld zu bringen, und sie sorgten dafür, dass auch ihre Mitarbeiter an dem Training teilnehmen konnten. Sieben Jahre später führt der Weg noch immer weiter, über fünfhundert Angestellte haben inzwischen an „Mindful Leadership and Wellness" teilgenommen.

2008 entschieden Saki und ich, das Training international anzubieten. Nochmals kontaktierte ich einzelne Führungskräfte, diesmal außerhalb von General Mills, und auch die ehemaligen Teilnehmenden von General Mills unterstützten mich auf diese Weise.

Die Nachfrage nach den viertägigen Retreats wurde immer größer, bis Saki und mir schließlich klar wurde, dass die Arbeit mit Mindful Leadership eine eigene Non-Profit-Organisation und ausgebildete Anleiter erforderte, und zwar solche, die sowohl etwas von Führungsrollen verstanden als auch eine persönliche Achtsamkeitspraxis entwickelt hatten.

Mit der Hilfe der Unterstützung und der großzügigen Ermutigung meiner Familie und den vielen Führungskräften, die das Training mitgemacht hatten, gründete ich 2010 das „Institute for Mindful Leadership".

Das Institut lädt dazu ein, Mindful-Leadership-Training als bislang fehlendes Element in die Entwicklung von Führungsexzellenz zu integrieren, für Führende aus allen Bereichen unserer Gesellschaft und allen Ebenen eines Unternehmens. Es war ganz sicher nie Teil meines Karriereplans, die Rechtspraxis zu verlassen und mich der Entwicklung und Anleitung von Mindful Leadership zu widmen. Dessen Ausbreitung war eine unvorhersehbare Entwicklung, die ich mir niemals hätte träumen lassen, und tatsächlich gibt es immer noch viele Tage, an denen ich mich frage, wie genau das eigentlich vor sich ging. Es ist ein großes Privileg, diesen Weg zu beschreiten und Menschen zu helfen, die naturgegebenen Möglichkeiten des Geistes zu entdecken. Ich glaube, wie auch andere Formen von Achtsamkeitsübungen hat Mindful-Leadership-Training das Potenzial, etwas Wichtiges im Leben von Menschen zu bewirken, ebenso in Unternehmen und letztlich auch in der Welt.

Die beste Antwort auf viele drängende Probleme der Welt ist es, Möglichkeiten zu finden, mentalen Raum zu schaffen. Wenn Führungskräfte Entscheidungen treffen, die einem Unternehmen, seinen Mitarbeitern oder der Gemeinde schaden, dann liegt es nicht an einem mangelnden IQ. Meistens sind es ein überfüllter Terminplaner und ein Leben im Autopilot-Modus, die zu leichtsinnigen oder reaktiven Entscheidungen führen. Zudem ist es wichtig, dass Menschen in Führungspositionen Angestellte aller Unternehmensebenen in der Erkenntnis unterstützen, dass auch sie Führungsqualitäten besitzen, andere beeinflussen und klare Entscheidungen treffen können, indem sie mehr Bewusstheit in jeden Moment des Tages bringen. Wie Parker Palmer einmal schrieb, „ist ein Führender jemand, der ein ungewöhnliches Maß an Macht hat, auf andere seinen Schatten oder sein Licht zu projizieren.“ Wir alle haben das Potenzial, dieses „ungewöhnliche Maß an Macht“ zu verkörpern. Also, was für eine Führungskraft sind Sie? Projizieren Sie Schatten oder Licht?

KAPITEL 3

Achtsamkeit und Führungsexzellenz

Beim Leadership geht es nicht um Titel, Positionen oder Flowcharts. Es geht darum, dass ein Leben ein anderes beeinflusst.

JOHN C. MAXWELL

Zu Beginn einer wöchentlichen Mindful-Leadership-Praxissitzung erzählte David, frischgebackener Vizepräsident eines großen Unternehmens, von seiner ersten Lektion über die Wichtigkeit, sich als Führungskraft seiner Handlungen bewusst zu sein.

> Als ich eines Morgens in mein Büro eilte, traf ich ein paar Ingenieure aus meiner Abteilung. Im Aufzug unterhielten wir uns ein wenig über das frostige Wetter, und ich erwähnte, dass ich gerade eine lebhafte Debatte über eine potenzielle Methode zur Verringerung von Kraftstoffverbrauch im Radio gehört hatte. Sie stiegen in ihrer Etage aus und ich dachte nicht mehr weiter daran. Zu meiner Überraschung präsentierte mir der Vorgesetzte jener Ingenieure drei Wochen später stolz eine detaillierte Analyse der Fragestellungen, die von den Experten im Radio aufgeworfen worden waren, zudem potenzielle Kosten und Nutzen für unsere Firma. Es war mir so peinlich! Ich hatte nur mit den Ingenieuren geplaudert. Ich hatte nicht die Absicht verfolgt, dass sie Zeit oder Ressourcen darauf verwenden, sich das Thema genauer anzuschauen. Die Analyse hat sie eindeutig von dringenderer und wichtigerer Arbeit abgehalten.

David machte also Bekanntschaft mit dem Welleneffekt, der von Führungskräften ausgeht, ob nun im guten oder im schlechten Sinne. Die Auswirkung der Unterhaltung im Aufzug war unbeabsichtigt und relativ harmlos, aber es ist immer sinnvoll, sich daran zu erinnern, dass alles, was wir tun oder lassen, einen Einfluss auf andere hat. Das gilt für jeden. Und als Führungskraft hat man eine besonders große Wirkung. Wenn wir nicht ganz von unseren Möglichkeiten Gebrauch machen oder dem, was gerade geschieht, nur teilweise Aufmerksamkeit schenken, steigt die Wahrscheinlichkeit, unbedacht einen Fehler zu machen oder eine günstige Gelegenheit zu verpassen. Die Nachrichten sind voller Beispiele unachtsamer Führung: beabsichtigte und unbeabsichtigte Handlungen, die Schaden verursachen.

Haben wir nicht alle schon erlebt, wie eine scheinbar kleine, gedankenlose Tat oder ein Versäumnis eine unverhältnismäßig große Wirkung haben kann? Eine Bemerkung, die Sie vor drei Jahren im Vorbeigehen gemacht haben, hatte vielleicht eine große Auswirkung auf das Selbstbewusstsein eines Freundes. Eine Frage, die Sie einem Mitarbeiter in ärgerlichem Tonfall gestellt haben, löste aus, dass er sich unzulänglich fühlte, nagte wochenlang an ihm und wurde zum Tratschthema in der Kantine.

Wir müssen uns in aller Deutlichkeit bewusst sein, wie sehr auch bereits kleine Handlungen Wogen schlagen, ganz gleich, ob sie schaden oder nutzen. Wie entwickeln wir die Fähigkeit, achtsam und exzellent zu führen, und machen dabei das Beste aus der Tatsache, dass die Auswirkungen unserer Handlungen sich bis weit jenseits unseres direkten Umfelds ausbreiten können?

Lassen Sie uns dieser Frage zunächst mit einer kurzen Reflexion darüber nachgehen, was wir unter Führungsexzellenz verstehen.

(Eine Audioversion der folgenden Meditation und anderer Übungen in diesem Buch finden Sie (auf Englisch) auf der Webseite www.findingthespacetolead.com, wo Sie die Aufnahmen anhören oder herunterladen können. Das Symbol ▶ zeigt begleitende Audioaufnahmen im Text an.)

Reflexion über Führungsexzellenz

▶ Setzen Sie sich bequem hin und schließen Sie Ihre Augen. Nehmen Sie Ihre Atemempfindungen wahr. Erlauben Sie Ihrem Geist, Ablenkungen loszulassen.

Wenn Sie bereit sind, rufen Sie sich eine Person ins Gedächtnis, von der Sie glauben, dass sie exzellente Führungsqualitäten verkörpert. Es kann sich um jemanden handeln, den Sie persönlich kennen, oder auch um jemanden, von dem Sie gelesen haben.

Nehmen Sie sich Zeit, eine Antwort aufsteigen zu lassen, und stellen Sie sich dann die folgenden Fragen:

> Warum kam mir diese Person in den Sinn?
> Was an dem Führungsstil dieses Menschen ließ mich im Zusammenhang mit Führungsexzellenz an ihn denken?

Seien Sie geduldig. Halten Sie die Frage mit einem Gefühl von Offenheit und Interesse im Gewahrsein. Sie müssen nicht über die Frage nachdenken. Legen Sie die ersten ein oder zwei Antworten innerlich für einen Moment beiseite, um zu sehen, ob noch mehr auftaucht.

Nachdem Sie die Augen wieder geöffnet haben, können Sie Ihre Antworten aufschreiben, bevor Sie weiterlesen.

Als Sie auf Ihre Antworten auf die Fragen gelauscht haben, haben Sie vielleicht bemerkt, dass sie nicht unbedingt viele der üblichen Maße für gute Unternehmensführung enthielten. Zum Beispiel findet sich unter den Gründen, warum Sie jemandes exzellentes Leadership bewundern, wahrscheinlich nicht *„erreicht immer seine Quartalszahlen“*. Möglicherweise aber enthielt Ihre Liste einige der Eigenschaften, die andere Führungskräfte, die diese Reflexion mit mir machten, nannten:

respektvoll
aufgeschlossen
mitfühlend
klarer Blick
Fähigkeit, andere zu inspirieren
guter Zuhörer
kreativ
geduldig
behilflich, gemeinschaftlich
freundlich
Lehrer

Nicht, dass es unwichtig wäre, die Quartalszahlen zu erreichen. Aber was Menschen zu außergewöhnlichen Führungspersönlichkeiten macht, geht über quantitative Maße weit hinaus. Als leitende Angestellte und in der Arbeit mit Mindful Leadership habe ich festgestellt, dass die Eigenschaften, die als Antwort auf diese Reflexion genannt werden, aus tiefen persönlichen Erfahrungen stammen. Die Menschen, die wir uns dabei ins Gedächtnis rufen, haben uns berührt, inspiriert und ihr persönliches Verständnis von Führung spürbar werden lassen. Die Führungsqualitäten, die jene verkörpern, die wir als exzellente Führende ausmachen, stehen mit zwei grundlegenden Fähigkeiten im Zusammenhang:

Erstens ist es die *Fähigkeit, in Kontakt zu treten* – mit sich selbst, mit anderen und mit der Allgemeinheit.

Mit *sich selbst* in Kontakt zu sein unterstützt uns, mit den eigenen Werten und der persönlichen Ethik verbunden zu bleiben. Diese Verbindung ist sozusagen das Steuerruder inmitten des Chaos.

Wie sehr wir in der Lage sind, mit *anderen* authentischen Kontakt herzustellen, ist entscheidend dafür, ob wir eine Arbeitsatmosphäre des Einbezugs schaffen oder eine, die durch inselartige, isolierte Einheiten ohne nennenswerte Kommunikation bestimmt ist. Für eine Unternehmenskultur, die von Respekt und Zusammenarbeit geprägt ist, ist Inklusion ein wichtiger Wert.

Schließlich entsteht Kontakt zu einer *Gemeinschaft*, wenn man einen Blick auf das große Ganze hat und sich nicht in den Details eines einzelnen Ziels verliert. Durch diese Perspektive einer größeren Verbundenheit verleihen gute Unternehmen ihrer Existenz Sinn und inspirieren ihre Arbeitnehmer. Bei dem Beispiel aus Kapitel I, dem Rückruf des Schokoladenprodukts, war die Fähigkeit der Führungskräfte, mit sich selbst, miteinander und ihren Konsumenten in Kontakt zu bleiben, hilfreich dafür, die richtige Wahl zu treffen.

Zweitens ist es die *Fähigkeit, Veränderungen geschickt zu initiieren oder durchzuführen.*

Das entscheidende Wort dabei ist *geschickt* und bezieht sich auf Führung nicht durch Befehle und Kontrolle, sondern durch Zusammenarbeit und Zuhören mit offenem Interesse und manchmal auch der Bereitschaft, mit Vieldeutigkeit zu leben, bis eine Entscheidung klar wird. Diese Fähigkeit stärkt zudem den Willen, couragiert Stellung zu beziehen und das Unternehmen oder die Branche auf neue Gebiete zu führen und Scheitern als Erfahrung zu akzeptieren.

Wenn wir uns diese beiden Fähigkeiten genauer anschauen, entdecken wir *vier Fundamente von Führungsexzellenz*: Konzentration, Klarheit, Kreativität und Mitgefühl. Natürlich haben große Führungspersönlichkeiten noch andere Eigenschaften, doch diese vier sind meiner Erfahrung nach ein „Muss". Fehlen eine oder mehrere, sind die Möglichkeiten, Kontakte zu knüpfen und Veränderung geschickt zu initiieren oder umzusetzen, deutlich erschwert.

Grundlagen von Führungsexzellenz

Die vier fundamentalen Qualitäten von exzellentem Leadership – *Konzentration, Klarheit, Kreativität* und *Mitgefühl* – entspringen sowohl dem Geist als auch dem Herzen, und wir können sie durch Mindful-Leadership-Training stärken und entwickeln. Lassen Sie uns sie im Einzelnen betrachten.

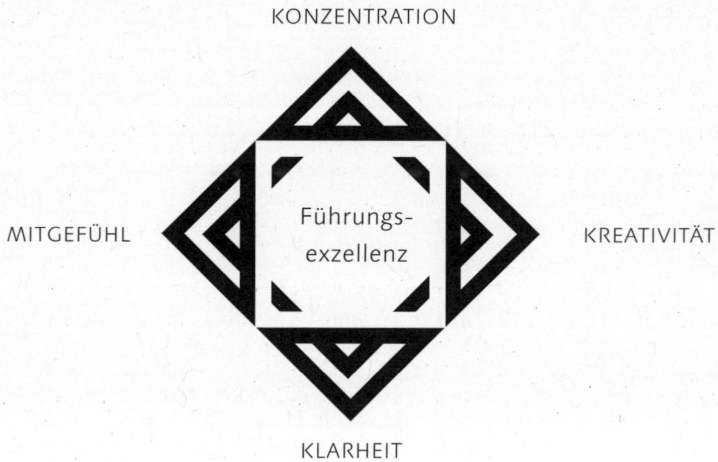

Konzentration

Immer öfter bekomme ich zu hören, wie schwer es vielen fällt, sich zu konzentrieren. Bei der Arbeit und in der Schule stellen die Menschen fest, welche Schwierigkeiten sie damit haben. Kürzlich sprach ich mit einem Professor einer führenden Business School, der sich nach der Möglichkeit eines Mindful-Leadership-Trainings für seine Studenten erkundigte, die Mühe mit der zu bewältigenden Menge an Literatur hatten. Vielleicht kennen Sie es, dass Sie Dokumente mehrmals lesen müssen oder dass die Lektüre viel länger dauert, als Sie angenommen hatten. Es ist nicht leicht, konzentriert zu bleiben, ob auf einen Artikel, ein Projekt oder eine

Unterhaltung. Selbst wenn wir uns vornehmen, aufmerksam zu bleiben, bemerken wir nur allzu oft, wie unsere Gedanken davon wandern, abgelenkt von nahezu allem, was auftaucht, unsere eigenen Gedankengänge mit eingeschlossen.

Was sind die Folgen dieses unsteten Aufmerksamkeitsfokus?

Wenn Sie abgelenkt sind, büßen Sie Produktivität ein. Angenommen, Sie halten sich eine Stunde frei, um sich hinzusetzen und einen Bericht über ein kürzlich durchgeführtes Projekt zu schreiben. Ziemlich bald schon wird Ihr Geist abgelenkt durch den Ton einer eingehenden Nachricht oder E-Mail. Sie können nicht anders, als Ihre Aufmerksamkeit darauf zu richten, und wenig später sind fünf Minuten vergangen, in denen Sie eine schnelle Antwort geschrieben oder kurz auf Facebook oder LinkedIn nachgeschaut haben, was es Neues gibt. Wenn Sie sich dann schließlich wieder dem Bericht zuwenden, brauchen Sie Zeit, um sich wieder im Text einzufinden, und Sie müssen noch einmal zu dem zurückkehren, was Sie gerade erst gelesen hatten, um den Faden wiederzufinden. Dieser Neustart dauert und unterbricht den Strom steter Aufmerksamkeit, der nötig ist, um sich in komplexe strategische Fragen und potenzielle Möglichkeiten zu vertiefen.

Produktivität verlieren Sie auch, wenn Ihre Konzentration während einer Unterhaltung oder einer Besprechung nachlässt. Wenn das geschieht, lässt auch Ihre Kontaktfähigkeit nach. Der Kontakt, den Sie aufbauen, wenn Sie präsent sind und ganz zuhören, kann ausschlaggebend dafür sein, ob jemand die Begegnung mit Ihnen mit dem Gefühl verlässt, wirklich gehört worden zu sein – oder missachtet.

Vielleicht fragen Sie sich, ob andere Leute es mitbekommen, wenn Ihr Geist während des Gesprächs abschweift. Bemerken sie, wenn Ihre Konzentration nachlässt und Ihre Aufmerksamkeit schon beim nächsten Termin ist, selbst wenn Sie Augenkontakt halten und ab und zu mit dem Kopf nicken? Ja, natürlich tun sie das. Erinnern Sie sich nur einmal an eine Situation, in der Sie vor Ihrer Vorgesetzten saßen und etwas Wichtiges zu sagen hatten. Sie schaute Sie geradeheraus an, gelegentlich nickend und lächelnd, und dennoch hatten Sie das untrügliche Gefühl, dass sie nicht wirklich zugehört hatte, als Sie ihr Büro verließen. Woher wussten Sie das? Sie wussten es, weil die Art von Konzentration, mit der wir uns ganz auf das Gesagte einlassen, eine Verbindung ist, die der Sprechende wahrnehmen kann. Schweift der Geist über einen gewissen Zeitraum ab, geht der Kontakt verloren.

Durch die Mindful-Leadership-Methoden zur Stärkung der Konzentration können Sie lernen zu erkennen, wenn Ihr Geist den jetzigen Moment verlässt, und mit ihm arbeiten, indem Sie Ihre Aufmerksamkeit in die Gegenwart zurückbringen. Mit der Zeit werden Sie das Abschweifen immer schneller bemerken. Sie bauen die Fähigkeit auf, den Fokus auf etwas auszurichten und ihn aufrechtzuerhalten. So entwickeln Sie die Fähigkeit, mit anderen in Kontakt zu treten und den jeweiligen Themen und Möglichkeiten Ihre volle Konzentration zu schenken.

Klarheit

In der ständigen Geschäftigkeit der Arbeitswelt bewegen Sie sich möglicherweise des Öfteren so schnell von einem Thema zum nächsten, dass Sie nicht mehr klar sehen, worum es eigentlich geht. Sie sehen nur noch, was Sie erwarten, erhoffen oder sehen wollen.

Wie oft machen wir nicht von unserer Fähigkeit Gebrauch, unsere eigenen Annahmen zu hinterfragen und zu sehen, um was es sich tatsächlich handelt!

Gordon MacKenzie, Autor von *Orbiting the Giant Hairball* und innovativer Vordenker der Firma Hallmark, erklärt, dass dieser Art Blindheit der Glaube an ein Modell zugrunde liegt:

> „Je mehr wir glauben, dass es sich bei einem Modell um Realität handelt, desto rigider wird das Modell. Und je rigider es wird, desto mehr schränkt es uns ein. Es liegt ein Gefühl von Sicherheit darin, das Gefühl von Sicherheit, im ‚Bekannten' geborgen und damit von der Bedrohung durch das Unbekannte abgeschirmt zu sein. Das ist zugleich Fluch und Segen von Modellvorstellungen: Einerseits können sie durch ihre Verankerung (in ‚Wissen') ein Gefühl von Kohärenz herstellen, andererseits können sie, unachtsam

angewandt, zu süchtig machenden Betäubungsmitteln gegen den Schmerz eines unergründlichen Universums werden und uns weiter von der vollständigen Realität isolieren, dem Reich der unbegrenzten Möglichkeiten."

Lange genug innezuhalten, um festzustellen, dass man sich in einer Vorstellung verfangen hat oder sich in einem Zustand der Reaktivität befindet, ist ein Teil des Mindful-Leadership-Trainings. Es fördert die Fähigkeit, klar zu sehen, was vor sich geht, Themen und Möglichkeiten zu erkennen und zu *wählen,* wie man reagieren möchte, was beispielsweise bedeuten kann, die hintergründige Modellvorstellung infrage zu stellen. Manchmal wird die Klarheit zu der Entscheidung führen, dass die richtige Reaktion im Moment darin besteht, gar nichts zu tun, weil es Zeiten gibt, in denen trotz unserer Neigung zum Handeln die weiseste Entscheidung die ist, abzuwarten, wie sich die Dinge von selbst entwickeln.

Die Entwicklung von mehr Klarheit dient nicht nur dazu, die Dinge und Geschehnisse um uns herum klarer zu sehen, sondern auch uns selbst. Wenn uns zum Beispiel unsere eigene Reaktivität in bestimmten Situationen auffällt oder wie unsere Konditionierung und Erziehung unsere Wahrnehmung filtern, machen wir oft wichtige Entdeckungen. Diese Entdeckungen können uns zu wichtigen Veränderungen veranlassen.

Kevin war ein erfolgreicher Unternehmer. In seiner Praxis des Mindful Leadership entdeckte er, wie er erklärte, „wie mein Bild von mir selbst meinen Führungsstil beeinflusste. Wenn ich den Eindruck hatte, meine eigenen Erwartungen zu enttäuschen, dachte ich, dass auch alle um mich herum von mir enttäuscht seien. Als ich endlich erkannte, wie diese Gedanken mein Führungsverhalten mitbestimmten, hatten sie mich weniger im Griff und ich fing an, mich zu verändern". Durch die Bewusstwerdung seiner Selbstkritik und die Hinterfragung deren Wertes konnte Kevin auch besser erkennen, wenn sein negatives Feedback an andere unberechtigt und verletzend war.

Die Welt schrumpft weiter, die Märkte werden globaler und die Ressourcen knapper, das alte Manuskript gilt nicht mehr. Wir brauchen Führungspersönlichkeiten mit klarem Blick auf die aktuelle Realität, nicht verhaftet in einer imaginären oder historischen Version der Wirklichkeit. Dann können die besten Entscheidungen über das weitere Vorgehen getroffen werden. Wir brauchen Führungskräfte, die sich ihrer eigenen Wahrnehmungsfilter und Konditionierungen bewusst sind. Sie müssen die kritische Stimme in ihrem eigenen Kopf wahrnehmen, sowie ihre Ängste vor dem Unbekannten, ihr Unwohlsein bezüglich Risiken, ihre Angst zu scheitern und ihre Neigung, in alten Leitbildern und Vorstellungen Sicherheit zu suchen. Auf dem Weg dieser Auseinandersetzung mit sich selbst finden Führungskräfte zu ihrer Authentizität, und in Zusammenarbeit mit anderen wird es möglich, Veränderungen zu erwirken. Um das Ziel, mit Mut und Integrität zu führen, zu verwirklichen, benötigen wir neue Manuskripte, die auf der Anerkennung der heutigen Gegebenheiten beruhen.

Kreativität

In seinen Büchern *Strategic Intuition* und *Creative Strategy* betont William Duggan von der Columbia Business School, dass Geistesblitze ein zentrales Element von Innovationen sind. Wie die Gehirnforschung unlängst gezeigt hat, braucht das Gehirn Zeiten der Langsamkeit, um in den Zustand der Kreativität zu kommen, zudem „bringt Geistesgegenwart bessere Ideen hervor“. In ähnlicher Weise beschreibt auch Debra Kaye in *Red Thread Thinking* ihre Forschungsergebnisse, die darauf hinweisen, dass wir uns regelmäßig eine Auszeit von „zielgerichteter Konzentration“ nehmen müssen, um die Zeit zu haben, über eine neue Verbindung oder Assoziation zu stolpern. Das kreative Gehirn verlangt geradezu nach diesem Freiraum. Aber wenn wir einen Kalender voller Termine und eine Aufgabenliste über mehrere Seiten haben, ist der Raum für Kreativität minimal.

Kreative Lösungen und Ideen entstehen mit höherer Wahrscheinlichkeit, wenn der Geist nicht permanent mit To-do-Listen beschäftigt ist. Ist Ihnen schon einmal aufgefallen, dass das Setzen einer Deadline nicht annähernd so fruchtbar für eine kreative Lösung ist wie das Schaffen von etwas zusätzlichem Freiraum am Tag, also Zeit, um den Geist kreativ sein zu lassen? Wie oft sind Sie morgens aufgewacht und hatten auf einmal die Antwort auf ein Problem? Oder sie tauchte plötzlich auf, als Sie gerade unter der Dusche standen. Der Geist braucht Zeit, um sich vom analytischen Denken zurückzuziehen und kreative und innovative Lösungen entstehen zu lassen.

Warum?

Ein ununterbrochener Strom von Gedanken versperrt den Weg zu der Weisheit, die tief in uns verborgen liegt. Sie besteht aus den Erfahrungen, die wir gesammelt und gespeichert haben, weil sie für uns bedeutsam waren. Wenn wir in Hektik und Eile leben, geht uns der Zugang zu dieser wertvollen Ressource, die wir angelegt haben, verloren. Sie wird unter den Ablenkungen der Gegenwart begraben.

Die gute Nachricht dabei ist, dass man das Gehirn lehren kann, sich auf andere Weise zu dem konstanten Gedankenstrom zu verhalten und dabei mehr Raum für Kreativität zu lassen.

Mitgefühl

Mitgefühl entsteht aus dem Verstehen von Leid und dem Wunsch, es zu lindern. Der Begriff Empathie, also die Verbindung zu den Gefühlen anderer, wird manchmal synonym verwendet, aber meinem Verständnis und meiner Erfahrung nach geht echtes Mitgefühl über Empathie hinaus. Unser mitfühlender Geist erkennt, dass Empathie aus dem Verständnis einer uns allen gemeinsamen Menschlichkeit entsteht. Wenn wir jemanden leiden sehen, erinnert uns unser Mitgefühl daran, dass wir von dem Leidenden nur durch eine dünne Linie aus Zeit und Umständen getrennt sind, und wir spüren den Drang, sein Leid zu lindern.

Wenn wir unsere naturgegebene Fähigkeit zu Mitgefühl entwickeln, werden uns möglicherweise auch jene Gelegenheiten bewusst, bei denen wir uns von Leid abgewendet haben, selbst wenn wir die Möglichkeit gehabt hätten, es zu lindern. Sich abzuwenden beinhaltet oft auch, die Augen davor zu verschließen, wie wir selbst Leid erzeugen, in anderen und uns selbst. Wie viele Eltern haben den Schmerz nicht zur Kenntnis genommen, den ein ablehnender Kommentar in einem Jugendlichen auslösen kann? Es ist schwer, Leiden zu lindern, wenn man noch nicht einmal erkennt, wie man es verursacht.

Die Entwicklung von Mitgefühl beginnt mit Mitgefühl für sich selbst. Selbstmitgefühl bedeutet gewillt zu sein, in unserem Leben den notwendigen Raum zu schaffen, um unser eigenes Leiden wahrzunehmen und uns selbst freundlich zu behandeln.

Das war für mich keine leichte Lektion, und das ist es für die meisten Menschen in Führungspositionen ebenfalls nicht. In den fünfundzwanzig Jahren, in denen ich leitende Positionen innehatte, hatte ich das große Privileg, mit wunderbaren Menschen aus allen Bereichen der Gesellschaft zu arbeiten. Es gab darunter viele, die unglaublich hart arbeiteten, mit unendlichen Listen von Verpflichtungen und Verantwortlichkeiten, und für gewöhnlich setzten sie sich selbst ganz ans Ende der Liste. Wir glauben nicht, dass wir Mitgefühl brauchen. Der Wunsch danach mag sich sogar egoistisch oder maßlos anfühlen. Allerdings braucht jeder Mitgefühl, ob es nun von außen betrachtet offensichtlich ist oder nicht. Wie andere Eigenschaften, die zu den besten der Menschheit gehören, wie Liebe oder Glück kann man Mitgefühl erst dann auch für andere empfinden, wenn man es für sich selbst aufbringen kann. Es ist ein integraler Bestandteil davon, sich selbst besser kennenzulernen und das Herz weiter zu öffnen.

Mitgefühl hilft uns, uns selbst, unsere Mitmenschen und die immensen Ähnlichkeiten, die wir alle teilen, zu verstehen. Es hilft, die vielfältigen Verbindungen zwischen uns zu erkennen. Es ermutigt uns, uns für das Wohlergehen unserer Mitmenschen einzusetzen. Dieses Fundament von Führungsexzellenz ist ein wichtiges Element, wenn wir mit der Arbeit, die wir leisten, etwas bewirken und entscheidende Veränderungen in der Art und Weise, *wie* wir arbeiten, vornehmen wollen. Es erinnert uns daran, dass die besten Führungskräfte im Dienste anderer arbeiten und sich zugleich auch um ihr eigenes Wohlbefinden kümmern. Mitgefühl ist eine mächtige und wegweisende Kraft, dennoch wird es oft missverstanden und daher gewaltig unterschätzt oder vom Arbeitsleben ausgeklammert. Was für eine verpasste Chance!

Genau, wie wir wissen, dass wir die dem *Körper* angeborenen Fähigkeiten von Kraft, Flexibilität und Widerstandskraft entwickeln können, wissen wir nun auch aus der Neurowissenschaft, dass wir die angeborenen Fähigkeiten des *Geistes* fördern können, einschließlich der Fähigkeiten zu Konzentration, Klarheit, Kreativität und mitfühlendem Handeln. In den folgenden Kapiteln werden Sie sehen, wie Sie eine einfache *tägliche Meditationspraxis* entwickeln und *gezielte Pausen* in Ihren Alltag integrieren können. Beides wird Ihren Geist schulen und diese Fähigkeiten fördern und stärken.

Wir können es uns nicht länger erlauben, dass Menschen einflussreiche leitende Positionen besetzen, ohne die Möglichkeiten ihres Geistes umfassender zu nutzen. Sie brauchen entsprechende Methoden und Schulungen, um einer Kultur der Vernetzung rund um die Uhr, des Multitaskings und der Informationsüberflutung etwas entgegenzusetzen. Wir brauchen Führungsexzellenz, die konsistenter zu Win-win-win-Situationen führt: gut für das Unternehmen, gut für die Arbeitnehmer, gut für die Gesellschaft.

Unternehmen vieler Branchen fangen bereits an, sich für solche Win-win-win-Szenarien zu entscheiden. Statt Marketingkampagnen, die durch Gewinnspiele oder andere Reklame den Verkauf steigern sollen, sehen wir zunehmend solche, die dadurch zum Kauf ermutigen, dass sie einen Anteil des Gewinns an Non-Profit-Organisationen spenden, so zum Beispiel die American Heart Association, Nature Conservancy oder die Special Olympics. Diese Kampagnen sind gut für das Geschäft, inspirieren die Mitarbeiter und helfen den Organisationen: Win-win-win.

Langsam wenden sich immer mehr Unternehmen nachhaltigeren Produktions- und Verpackungsweisen zu. Diese Unternehmen wissen um den Welleneffekt und begreifen, dass die begrenzten Ressourcen der Erde umsichtig behandelt werden müssen, damit die Menschheit weiterleben kann. Sie haben entdeckt, dass die Veränderungen, die sie aus Gründen des Umweltschutzes einleiten, oftmals auch für das Geschäft gut sind. Immer mehr fühlen sich Verbraucher zu Produkten von Unternehmen hingezogen, die die Verantwortung, die mit einer führenden Rolle einhergehen, ernst nehmen. Aber diese Veränderungen sind nur der Anfang, sie betreffen noch immer bloß eine Minderheit. Es muss noch viel mehr getan werden. Die Herausforderung, innovative Lösungen zu finden, ist oft sehr attraktiv für gute Führungskräfte, allerdings brauchen sie den entsprechenden Raum, um sich mit den Möglichkeiten zu befassen. Durch die Umsetzung eines achtsamen Führungsstils und den dadurch entstehenden zusätzlichen Raum könnten sich Anzahl und Reichweite solcher Projekte mehren, ebenso wie viele andere noch zu entdeckende Win-win-win-Szenarien.

Wir brauchen mehr Menschen, die mit Exzellenz führen können – konzentriert, klar, kreativ und mitfühlend. Wir brauchen Menschen, die in Kontakt sind mit sich selbst, den Menschen um sie herum und der Gesellschaft. Wir brauchen Führungspersönlichkeiten, die wissen, wie man geschickt Veränderungen anstößt. Wir brauchen Männer und Frauen, die Führungspräsenz verkörpern.

Glücklicherweise sind genau wie alle anderen Menschen auch jene, die leitende Positionen bekleiden, mit all dem benötigten Rohmaterial auf die Welt gekommen. Die Fähigkeit zu Präsenz ist angeboren, sie benötigt nur Übung. In den Retreats und Workshops des Instituts, in denen meine Kollegen und ich Angestellte und Leitende aus aller Welt unterrichten, hören wir immer wieder, dass diese Erfahrung und die entsprechende Praxis den Menschen ermöglichen, eine umfassendere und sinnvollere Weise zu entdecken, der Realität ihres Lebens zu begegnen.

Mike, ein Arzt aus Massachusetts, beschrieb seine Erfahrung wie folgt:

Das Einzigartige am Leadership-Training, das Achtsamkeit einschließt, ist, dass nicht von mir verlangt wird, anders zu sein. Ich darf noch mehr der sein, der ich bereits bin.

Als Führungskraft liegt Ihre größte Chance, innovativ und authentisch Einflüsse zu setzen, darin, dass Sie sich zuerst umfassend bewusst werden, wer Sie sind, und dann klar sehen, was um Sie herum geschieht. Wenn Sie dazu in der Lage sind, das heißt, wenn Sie in der Lage sind, Ihre Beziehung zur Welt in solch dynamischer Weise zu verändern, ist Ihr potenziell positiver Einfluss unbegrenzt. Ihre Handlungen, seien sie auch noch so klein, können Berge versetzen.

TEIL 2

Meditationen für Führungskräfte

Kapitel 4

Über Sitzkissen, einen leeren Geist und andere Mythen

Aufmerksam sein, das ist unsere endlose und eigentliche Arbeit.

MARY OLIVER

Wenn man den Begriff *Achtsamkeitsmeditation* googelt, findet man unter den Millionen von Treffern eine schwindelerregende Flut von Definitionen und eine Unmenge von Techniken zum Erlernen von Achtsamkeit. Was genau ist also Achtsamkeitstraining im Kontext von *Mindful Leadership*?

Da es so viele Missverständnisse über Meditation und Achtsamkeit gibt, wollen wir zunächst klarstellen, worüber wir hier nicht sprechen.

Bei Achtsamkeitstraining handelt es sich nicht um:

eine Religion
eine Technik, um Gedanken aus dem Weg zu räumen
eine New-Age-Methode mit Gesängen und Räucherstäbchen
eine Entspannungstechnik
eine Übung zum tiefen Atmen
ein Weg, um Stress zu *beseitigen*

Achtsamkeitstraining *ist* hingegen eine Methode, die dem Geist innewohnenden Fähigkeiten zu fördern, einschließlich der Fähigkeiten, die ganz direkt zu der Entwicklung von Führungsexzellenz gehören (wie in Kapitel 3 beschrieben). Das Schöne am Achtsamkeitstraining ist, dass die Techniken einfach sind (was allerdings nicht bedeutet, dass es *leicht* ist) und keinerlei spezielle Ausrüstung erfordern.

Grundlegende Anleitung zur Achtsamkeitsmeditation

▶

1. Finden Sie eine bequeme Sitzposition, die Ihrem Körper erlaubt, ruhig zu werden und sich getragen zu fühlen. Ein Stuhl mit gerader Rückenlehne ist genau richtig. Meditationskissen sind nicht notwendig, obwohl Sie natürlich eines verwenden können. Auf einem Kissen zu sitzen macht Sie nicht zu einem besseren Meditierenden. Wenn Sie auf dem Boden sitzen möchten, finden Sie Anleitungen dazu unter „Tipps für die tägliche Meditation“ auf Seite 65.

2. Wählen Sie einen bestimmten Gegenstand, auf den Sie Ihre Aufmerksamkeit richten wollen. Jeder beliebige Gegenstand kann als Fokus für die Achtsamkeitsmeditation dienen, aber zu Beginn ist es am hilfreichsten, die Aufmerksamkeit auf etwas zu konzentrieren, das Ihre Sinne leicht erfassen können, wie zum Beispiel den Atem oder die Geräusche in der Umgebung. (In späteren Kapiteln wird es auch um die Konzentration auf Gedanken und Gefühle gehen.)

3. Während Sie Ihre Aufmerksamkeit absichtsvoll ausrichten, begegnen Sie mit Offenheit und Neugier allem, was Sie wahrnehmen. Sie müssen das, was auftaucht, weder verändern noch kontrollieren oder bewerten.

4. Nehmen Sie wahr, wenn Ihre Aufmerksamkeit weggezogen wird oder abschweift, und bringen Sie sie wieder zurück zu Ihrem Gegenstand. Es gibt keinen Grund, darüber zu urteilen, wie gut Ihnen die Übung gelingt.

Das folgende spezielle Beispiel soll Ihnen eine Achtsamkeitsmeditation veranschaulichen, die Sie jetzt sofort ausprobieren können.

Suchen Sie sich einen Platz zum Sitzen, an dem Sie sich wohlfühlen.

Bringen Sie Ihre Aufmerksamkeit zu den Empfindungen, die Sie haben, während Ihr Atem ein- und ausströmt.

Egal, ob Sie den Atem am stärksten an den Nasenflügeln, im Brustkorb oder tief im Bauch spüren, richten und halten Sie Ihre Aufmerksamkeit auf die Empfindungen, die mit dem gesamten Ein- und dem gesamten Ausatmen in diesem Bereich Ihres Körpers einhergehen.

Wenn Sie feststellen, dass Ihr Geist abgeschweift ist – wenn er zum Beispiel Ihre To-do-Liste durchgeht, probt, wie Sie etwas Bestimmtes zu jemandem sagen werden, oder einen kleinen Film in Ihrem Kopf abspielt –, bringen Sie Ihre Aufmerksamkeit zurück zu den Atemempfindungen. Es ist nicht notwendig, Ihren normalen Atemfluss zu verändern oder zu vertiefen. Nehmen Sie einfach die Empfindungen wahr, die bereits da sind. Es gibt nichts zu verändern, zu kontrollieren oder zu verbessern. Seien Sie sich einfach bewusst, wie der Körper jede Ein- und Ausatmung erfährt.

Klingt ziemlich einfach, oder? Probieren Sie diese erste Übung etwa zehn Minuten aus.

Wie die meisten Menschen mag auch Sie diese kleine Übung vielleicht etwas überrascht haben. Auch wenn Sie die feste Absicht hatten, einfach mit der Aufmerksamkeit bei Ihren Empfindungen zu bleiben – zum Beispiel im Brustkorb spürend, wie die Rippen sich mit der Einatmung ausdehnen und mit der Ausatmung entspannen –, wurde Ihr Geist ziemlich bald schon abgelenkt von einem Gedanken an das Abendessen, einem Geräusch im Raum oder einem unangenehmen Gefühl irgendwo im Körper.

Was ist schiefgegangen?

Nichts!

Sie hatten Gelegenheit, die unstete Natur Ihres Geistes zu erleben. Auch wenn wir unsere Aufmerksamkeit bei der Atemempfindung halten wollen, stellen wir oft fest, dass wir unseren Fokus wieder und wieder dorthin lenken müssen. In der heutigen Welt wird der Geist ständig in verschiedene Richtungen gezogen und ist darauf konditioniert, umherzuspringen. Es kommt nur selten vor, dass wir einer einzigen Sache unsere volle Aufmerksamkeit widmen. Wir leben in einem Zustand von ununterbrochen teilweiser Aufmerksamkeit. Uns nur auf eines zu konzentrieren, ist zunächst etwas befremdlich.

Das Problem mit der unsteten Natur des Geistes besteht darin, dass es uns fast unmöglich ist, über einen längeren Zeitraum auf ein schwieriges Thema oder ein Gespräch konzentriert zu bleiben. Den meisten Menschen wurden keine Konzentrationsübungen beigebracht, doch wir alle können uns diese leicht verständliche Technik zunutze machen, die die uns gegebene Fähigkeit stärkt, aufmerksam zu bleiben.

Auch wenn der grundsätzliche Rahmen einfach ist, erfordert die eigentliche Praxis Disziplin und Selbstmitgefühl: die Disziplin, den wandernden Geist immer wieder zu dem Gegenstand der Aufmerksamkeit zurückzuführen, und ebenso viel Selbstmitgefühl, um dies sanft und ohne Bewertungen zu tun.

Das kann besonders schwierig sein, wenn Sie an die intensive Selbstverurteilung gewöhnt sind, die Menschen, die etwas erreichen wollen, oft antrainiert wird. Versuchen Sie, das Urteilen loszulassen und einfach zu bemerken, wenn Ihr Geist von Ihrem Gegenstand abgewandert ist. Ein Meditationslehrer verglich diesen Ansatz einmal mit der Erziehung eines Welpen: Wenn die Aufmerksamkeit des Hundes von der Lernaufgabe abgelenkt ist, bringen Sie ihn sanft und bestimmt wieder dahin zurück. Es liegt etwas Spielerisches und Leichtes in dieser Analogie, das mir immer gefiel. Mit einem Welpen wären wir auch weiterhin geduldig und freundlich, um ihm etwas beizubringen. Warum sollten wir mit uns selbst weniger freundlich umgehen?

Dies ist die erste tägliche Meditationsübung. Schaffen Sie sich den Raum, um zwei Mal täglich zehn Minuten zu üben. Auf dieser grundlegenden Meditation werden Sie später aufbauen, wenn es in den speziellen Mindful-Leadership-Übungen darum geht, mit Aufmerksamkeitstechniken mehr Raum in Ihren Tagesablauf zu bringen und herauszufinden, wie Sie die Praxis in verschiedene Bereiche Ihres Alltags integrieren können. Alle Übungen laden Sie ein, im gegenwärtigen Moment zu sein, eine notwendige Voraussetzung zur Entwicklung von Führungspräsenz.

Die Übung von Achtsamkeit erfordert Regelmäßigkeit und Wiederholung, damit sie funktioniert. Genau wie regelmäßiges Körpertraining die dem Körper angeborenen Kapazitäten, stark, flexibel und widerstandsfähig zu sein, fördert, kultiviert eine tägliche Meditationspraxis die Fähigkeiten Ihres Geistes, widerstandsfähig, reaktionsbereit und klar zu sein. Bevor Sie jetzt dem Gedanken „Ich kann unmöglich noch etwas in meinem Tagesablauf unterbringen" erliegen, fragen Sie sich, ob es nicht doch zehn Minuten am Morgen und nochmals zehn zu einer anderen Tageszeit gibt, die Sie mit etwas weniger Nützlichem verbringen als damit, Ihren Geist weiterzuentwickeln. Können Sie etwas weglassen, um für eine tägliche Meditationsübung Platz zu schaffen? Wenn Sie den meisten Spitzenkräften ähneln, die ich kenne, mag für Sie die Erinnerung daran hilfreich sein, dass die Entwicklung von Führungspräsenz durch Achtsamkeit nicht nur Ihnen, sondern auch anderen Menschen zugutekommt.

Tipps für die tägliche Meditation

1. Eine regelmäßige Praxis von zwei Mal zehn Minuten ist viel besser als nur eine Stunde am Samstag. Beständigkeit ist wichtig.
2. Wenn es für Sie zu schwierig ist, zehn Minuten still zu sitzen, versuchen Sie es mit einem Spaziergang oder einer anderen körperlichen Betätigung, bevor Sie mit der Übung beginnen.
3. Wenn Sie auf einem Stuhl sitzen, stellen Sie Ihre Füße flach auf den Boden, halten Sie Rücken, Nacken und Kopf gerade und legen Sie die Hände bequem auf Ihren Schoß.

4. Wenn Sie auf dem Boden sitzen möchten, können Sie eine Decke falten und ein oder zwei Kissen darauf legen oder ein Meditationskissen benutzen. Kreuzen Sie Ihre Beine und setzen Sie sich auf die vordere Hälfte des Kissens, während Sie Ihr Becken leicht nach vorne kippen, sodass Sie Ihre Knie einfacher am Boden ablegen können. Legen Sie die Hände bequem auf Ihren Beinen ab. (Wenn es Ihnen in dieser Haltung unbequem wird, begeben Sie sich auf einen Stuhl! Nicht vergessen: Ein Meditationskissen zu verwenden macht Sie nicht zu einem besseren Meditierenden.)
5. Wenn Sie einen Tag oder mehrere auslassen, fangen Sie einfach wieder an. Die tägliche Meditationspraxis liegt genauso nahe wie die nächsten zehn Minuten.

Am Ende einer nachmittäglichen Übungssitzung bei einem kürzlichen Mindful-Leadership-Retreat atmete Maria, eine Ingenieurin in der Mitte ihrer Laufbahn, hörbar auf. Als ich sie fragte, ob sie etwas sagen wolle, antwortete sie, dass sie frustriert sei, weil sie den Bogen mit dieser Meditation einfach nicht herauskriege. Sie erklärte, dass es ihr in der morgendlichen Übung gelungen sei, für längere Zeitspannen mit der Aufmerksamkeit bei Ihrem Atem zu bleiben, nur gelegentlich habe sie sie dorthin zurückbringen müssen. Aber während der Übung am Nachmittag bemerkte sie, wie ihr Geist die ganze Zeit vom Atem abschweifte, und sie fand es „einfach schrecklich". Ihre Aufmerksamkeit wurde von Gedanken an ihre Familie und an einen neuen Auftrag, der ihr Sorgen machte, und einige Male auch einfach nur vom Husten anderer Teilnehmer abgelenkt.

Ich erinnerte sie daran, dass es Teil der Achtsamkeitsmeditation ist, es zu bemerken, wenn der Geist abgelenkt wird, und ihn dann einfach wieder zurück zum Gegenstand der Aufmerksamkeit zu führen, in diesem Fall zu der Atemempfindung. Ich fragte sie, ob sie das täte. Sie schwieg einen Moment und sagte dann: „Ja, aber ich dachte, diese Sitzung wäre wie die heute Morgen, als es in meinem Geist weniger ablenkende Gedanken gab. Ich mochte dieses Gefühl von Weite sehr. Ich will wieder dorthin zurück."

Marias Frustration wurzelte in Erwartungen darüber, wie ihre Erfahrung sein sollte. Haben wir Erwartungen, kann dies unsere Absicht boykottieren, eine tägliche Meditationspraxis zu entwickeln. Was Maria als „schreckliche" Meditation erlebte, war einfach das momentane Aktivitätsniveau ihres Geistes. An ihrer Praxis selbst war nichts schrecklich. Sie hatte angenommen, die Übung wäre jedes Mal gleich. So ist es aber nicht. Man trainiert den Geist, um mitzubekommen, wenn die Aufmerksamkeit abwandert, und bringt sie dann wieder zurück. Das Zurückbringen ist die Praxis an sich. Genau damit gewöhnen Sie Ihren Geist daran, zu anderen Zeiten des Tages, wenn Sie gerade nicht meditieren, aufmerksam zu bleiben. Statt hinzunehmen, dass Sie nichts ändern können an der Tendenz Ihres Geistes zum Tagträumen – an der Arbeit an die Familie zu denken oder zu Hause an die Arbeit –, lernen Sie wahrzunehmen, wenn Sie geistig an einem anderen Ort sind als körperlich. Das Wichtigste ist, dass Sie lernen, Ihre Aufmerksamkeit zurück in den gegenwärtigen Augenblick zu bringen. Das Herumflattern des Geistes, dessen wir uns in den Übungssitzungen gewahr werden, ist genau das, was den ganzen Tag über stattfindet. Mit der Achtsamkeitspraxis können Sie anfangen, Ihre Aufmerksamkeitskapazität zu stärken, und lernen, was es heißt, präsent zu sein.

Meditation auf dem Schreibtischstuhl

Die meisten Menschen verbringen sehr viel Zeit damit, am Schreibtisch zu sitzen. In den fünfzehn Jahren, in denen ich leitende Mitarbeiterin bei General Mills war, verbrachte ich auf jeden Fall einen Großteil meines Tages auf einem Stuhl sitzend, in meinem Büro, in Konferenzräumen oder Büros von Kollegen. Es war daher naheliegend, eine Meditationsübung zu entwickeln, die man bei der Arbeit durchführen kann.

Wenn Sie sich während Ihres Arbeitstages zehn Minuten an einem relativ ruhigen Ort nehmen, kann die Meditation auf dem Schreibtischstuhl zu einer Ihrer beiden zehnminütigen täglichen Übungen werden. Vielleicht müssen Sie etwas einfallsreich sein, um einen ruhigen Ort zu finden. Viele Teilnehmer haben mir erzählt, dass sie diese Übung am besten machen können, wenn sie ihr Büro verlassen und sich einen leeren Konferenzraum suchen oder sogar das Gebäude verlassen, um während ihrer Mittagspause im Auto zu sitzen. Der Begriff Schreibtischstuhl muss also nicht wörtlich genommen werden. Diese Meditation kann überall durchgeführt werden, wo Sie ruhig sitzen und praktizieren können, sogar in einem Flugzeug.

▶ Beginnen Sie die Schreibtischstuhl-Meditation damit, Ihre Aufmerksamkeit auf den Atem zu richten. Wenn Sie bereit sind, lenken Sie die Aufmerksamkeit auf die Sohlen Ihrer Füße und öffnen Sie Ihren Geist für alle Sinneseindrücke, die Sie vorfinden. Vielleicht bemerken Sie Druck auf den Fußsohlen, der vom Gewicht Ihrer Beine herrührt. Vielleicht fühlen sich Ihre Fußsohlen warm oder kalt an. Nehmen Sie es einfach wahr. Es gibt keinen Grund, etwas zu beurteilen oder in diskursives Denken zu verfallen. Wenn Ihr Geist abschweift oder umherwandert, bringen Sie Ihre Aufmerksamkeit zurück, bestimmt und freundlich.

Bringen Sie Ihre Aufmerksamkeit dann zu der Oberseite Ihrer Füße, zu Ihren Knöcheln, Unterschenkeln, Knien und so weiter. Tasten Sie sich auf diese Weise Stück für Stück durch Ihren Körper, werden Sie sich der Empfindungen und unangenehmen Eindrücke bewusst und auch der Bereiche Ihres Körpers, in denen Sie eine Abwesenheit von Empfindungen feststellen. Vielleicht spüren Sie einfach gerade nichts in Ihren Schultern. Es gibt keinen Grund, nach Eindrücken zu suchen, tasten Sie Ihren Körper einfach weiter ab, nehmen Sie sich Zeit und seien Sie offen für das, was ist.

Diese zweite tägliche Meditation ist eine weitere Möglichkeit, um Ihre Aufmerksamkeit zu entwickeln, und sie ist wertvoll, um wichtige Botschaften Ihres Körpers wahrzunehmen, die Sie sonst oft ignorieren oder nicht ganz verstehen. Es gibt zwei Kategorien dieser Botschaften: Zuerst befassen wir uns mit Informationen über unser körperliches Wohlergehen, welche wir in diesem Kapitel erkunden werden. In Kapitel 12 beschäftigen wir uns dann mit Informationen über unsere Gefühle.

Wenn Sie Ihren Körper mit Ihrer Aufmerksamkeit abtasten, nehmen Sie alle Empfindungen wahr, einschließlich derer, die sich verspannt, empfindlich oder schmerzhaft anfühlen. Vielleicht bemerken Sie auch generellere Empfindungen wie Müdigkeit oder Angeschlagenheit. Für viele Leute sind diese Entdeckungen überraschend, entweder allein die Tatsache ihrer Existenz oder das Ausmaß, in dem sie sich bemerkbar machen. Empfindungen sind die Sprache des Körpers, und wenn man ihnen Aufmerksamkeit widmet, kann man besser verstehen, was der Körper einem mitteilen möchte. Tatsächlich sind Menschen nicht nur in der Lage, Eindrücke über die Rezeptoren in der Haut wahrzunehmen, sie besitzen auch die Fähigkeit der Interozeption – also die Wahrnehmung von Signalen aus dem *Innern* des Körpers. Wenn wir schon dazu veranlagt sind, warum erreichen uns diese Botschaften dann nicht zuverlässiger?

Darauf gibt es viele mögliche Antworten. Vielleicht lässt unser pausenlos und übermäßig verplantes Dasein keinen Raum für die Aufmerksamkeit, die notwendig ist, um sich gut um sich selbst zu kümmern. Oder die Neigung zur Perfektion lässt wenig Zeit, um einfach einmal krank zu sein. Viele Menschen haben gelernt, auch verletzt wieder auf das Spielfeld zurückzukehren und im Drang nach Exzellenz den Schmerz zu sublimieren. Was auch immer der Grund sein mag, wenn ich Menschen in leitenden Positionen frage, wie viele von Ihnen festgestellt haben, dass sie nur an Wochenenden oder im Urlaub krank werden, füllt sich der Raum mit erhobenen Händen. Warum? Vielleicht weil die Botschaften des Körpers, die während der Arbeitswoche übertönt wurden, sich in dieser kurzen Auszeit Gehör verschaffen. Wenn wir einen Moment innehalten, um das Szenario zu betrachten, wird klar, dass der Körper, wenn die Empfindungen zu lange ignoriert werden, die Signalstärke so lange steigert, bis sie nicht mehr übertönt oder überhört werden kann. Und an diesem Punkt kann es sich dann bereits um ernsthafte gesundheitliche Probleme handeln.

Die Schreibtischstuhl-Meditation ist eine Möglichkeit, wie Sie den Botschaften Ihres Körpers Gehör schenken können. Anhand der gewonnenen Informationen können Sie sich für ein paar einfache Möglichkeiten der Selbstfürsorge entscheiden – sich öfter strecken, um Rückenschmerzen zu lindern, etwas an den Schlafgewohnheiten verändern, um der ständigen Müdigkeit entgegenzuwirken, oder die Essgewohnheiten umstellen, um das Rumoren im Bauch zu beruhigen. Die Schreibtischstuhl-Meditation ist ein zehnminütiges Check-up, oder besser gesagt ein „Check-in".

Die Gestaltung einer persönlichen täglichen Meditationspraxis

Werfen Sie genau jetzt einen Blick auf Ihren Kalender und tragen Sie für morgen zwei Zeiten ein, zu denen Sie praktizieren wollen. Sie müssen es nicht als etwas betrachten, woran Sie nun den Rest Ihres Lebens anpassen müssen. Legen Sie nur die Zeiten fest (zwei Mal zehn Minuten), zu denen Sie morgen üben wollen. Jeweils einen Tag nach dem anderen zu planen ist der beste Ansatz zu Beginn. Wählen Sie aus, ob Sie mit dem Atem, mit Geräuschen oder mit der Schreibtischstuhl-Meditation üben wollen. Jede Kombination ist möglich. Wenn es für Sie besser passt, jedes Mal mit dem Atem zu üben, ist das gut. Wenn Sie die Übungen kombinieren wollen, sodass Sie als Erstes eine Atemmeditation machen und als Zweites den Body-Scan, ist das ebenfalls gut. Gestalten Sie sich eine tägliche Praxis, die für Sie funktioniert.

Und seien Sie nachsichtig mit Ihrer Praxis. Sie beginnen gerade ein neues Training. Genau, wie wenn Sie mit einem neuen Trainingsprogramm für Ihren Körper anfangen, erfordert es Einsatz und Disziplin, und es wird Zeiten geben, in denen Sie sich einfach dafür werden entscheiden müssen, noch einmal anzufangen. Nur Mut! Sie dürfen auf die Entdeckung Ihrer vielfältigen geistigen Fähigkeiten gespannt sein.

KAPITEL 5

Eine gezielte Pause machen

Die Musik der Natur ist nie vorbei;
ihre Stille sind Pausen, keine Endungen.

MARY WEBB

Wie so viele Menschen haben Sie sich möglicherweise so sehr an die permanente Geschäftigkeit gewöhnt, also an die übliche Routine von Konferenzen, Anrufen und Gesprächen, dass Sie die meiste Zeit nur noch teilweise aufmerksam sind – und manchmal überhaupt nicht mehr.

Wir erleben eine landesweite, wenn nicht sogar weltweite Epidemie von ununterbrochener teilweiser Aufmerksamkeit. Die meiste oder gar ganze Zeit unseres Lebens schalten wir in den Autopilot-Modus. Wir fangen an zu glauben, dass es eben nicht anders geht in dieser schnelllebigen, ablenkungsreichen Welt, in der wir arbeiten und leben. Wenn wir nicht in dieser steten Tretmühle strampeln, so denken wir, werden wir ins Hintertreffen geraten oder scheitern.

Was kostet uns dieses Leben in der Tretmühle in persönlicher und beruflicher Hinsicht? In den Medien finden sich fast täglich Berichte über den wachsenden Umfang wissenschaftlicher Arbeiten, die die physiologischen und psychologischen Tribute des modernen Lebensstils, also Leben wie mit der Pistole auf der Brust, dokumentieren. Für unsere Zwecke reicht es allerdings, wenn wir uns unsere eigenen Erfahrungen und die der Menschen um uns herum vor Augen führen, damit klar wird, dass dieser Tribut beträchtlich ist. Wie viele Menschen in Ihrem Bekanntenkreis nehmen Schlaftabletten oder Antidepressiva, trinken Alkohol oder versuchen, mit sonstigem Suchtverhalten wie Einkaufen, Essen oder exzessivem Arbeiten die Symptome zu bekämpfen? Und wie oft fragen wir uns im Nachhinein, wie wir eine so wichtige Tatsache übersehen oder eine so unsensible Bemerkung machen konnten? Wir wissen, dass wir die Fähigkeit haben, dem Leben aufmerksamer und mitfühlender zu begegnen, aber möglicherweise glauben wir, dass es angesichts der heutigen Geschwindigkeit und Komplexität nicht möglich sei.

Viele Jahre habe ich Daten aus Fragebögen zum Vorher-nachher-Vergleich von Angestellten aller Ebenen, die sich für einen siebenwöchigen Kurs in Mindful Leadership und Wellness angemeldet hatten, gesammelt. Dabei wurde nach der Arbeitsleistung gefragt, und bei einer Frage wurde um eine Einschätzung dazu gebeten, wie oft „es mir vorkommt, als ob ich automatisch funktionierte, ohne mir wirklich bewusst zu sein, was ich tue.“ Erstaunlicherweise gaben fast sechzig Prozent der Teilnehmenden an, sich häufig in diesem Zustand zu befinden.

Was bleibt uns als Unternehmensleitern nun zu tun, wenn wir einmal annehmen, dass diese Antwort einigermaßen typisch ist? Haben wir Belegschaften kreiert, die so an den Autopilot-Modus gewöhnt sind, dass Professionalität, Qualität, Kreativität, Produktivität und grundlegender menschlicher Anstand gefährdet sind? Wie oft sind moralische Verfehlungen das Ergebnis davon, nicht wirklich präsent gewesen zu sein und die potenzielle Wirkung der eigenen Entscheidungen verkannt zu haben?

Wie steht es mit Ihrem eigenen Arbeitstag? Wie oft haben Sie das Gefühl, Sie hätten mehr tun oder Ihre Sache besser machen können, wenn Sie nur ein wenig Raum zum Durchatmen gehabt hätten? Kommt dieses Gefühl selbst dann in Ihnen auf, wenn Sie Ihre Arbeit erledigt haben und die anderen mit den Ergebnissen zufrieden sind? Hat dieses Gefühl manchmal weniger mit den Ergebnissen an sich zu tun als damit, auf welche Weise sie erzielt wurden?

Als ich, wie in Kapitel I beschrieben, Menschen in Führungspositionen nach der einen Sache fragte, von der sie gerne mehr hätten, ging es dabei nicht um Ressourcen oder Macht.

Es ist *Raum.*

Wir brauchen mehr offenen Raum, sodass wir aus der Tretmühle steigen und uns auf das konzentrieren können, was wirklich wichtig ist, statt von den Anforderungen des quietschenden Rades durch den Tag geschleift zu werden. Wir brauchen mehr Raum, um die Zeit zu haben, eine kreative Teamleistung zu würdigen. Wir brauchen mehr Raum, um die Menschen zu unterstützen, die sich mit Entwicklungen befassen. Wir brauchen mehr Raum, um auf unsere eigene Weisheit zu hören.

Um diesem nagenden Bedürfnis nach mehr Raum und Zeit zu begegnen, muss man sich Gelegenheiten dafür schaffen. Ihr Leben wird wahrscheinlich nicht so bald weniger komplex werden, und das muss es auch gar nicht, damit Sie sich Momente der Weite in Ihren Tag holen können. Sie können solche Momente erschaffen, in denen Sie sich regelmäßig das gönnen, was ich eine *gezielte Pause* nenne.

Was ist eine gezielte Pause?

Es ist ein Moment am Tag, in dem Sie sich des Strudels an Gedanken bewusst werden und die Entscheidung treffen, aufmerksam zu sein. Zum Beispiel bemerken Sie, dass Sie in einer Besprechung sitzen, aber Ihr Geist in Richtung Zukunft rast oder gefangen ist in der Wiederholung von Vergangenem; kaum bekommen Sie noch mit, was gesagt wird. In diesem Fall können Sie eine einfache Übung anwenden, um Ihre Aufmerksamkeit in den Raum zurückzuholen. Es sind nur ein paar Augenblicke nötig, in denen Sie absichtsvoll Ihre Aufmerksamkeit in die Gegenwart zurücklenken. Dazu nehmen Sie Ihren Atem oder andere körperliche Empfindungen wahr oder hören auf die Geräusche in der Umgebung. Es ist nicht nötig, die Augen zu schließen oder in Meditationshaltung zu sitzen. Machen Sie einfach eine gezielte Pause.

Während Sie das tun, nehmen Sie vielleicht wahr, wie sich Ihr aufgewühlter Geist beruhigt. Warum? Weil er in die Gegenwart zurückgekehrt ist und die Gedanken losgelassen hat, die Ihre Fähigkeit zur Präsenz blockierten. Der Atem und andere Sinneseindrücke sowie Geräusche können nur in der Gegenwart wahrgenommen werden. Empfindungen lassen sich nicht in der Zukunft oder in der Vergangenheit fühlen. Sie können in diesem Moment weder die Stimmen aus der vergangenen Konferenz hören noch das Pfeifen des Pendelzugs später am Tag. Die Empfindungen in Ihrem Brustkorb, das Ausdehnen der Rippen können nur genau jetzt wahrgenommen werden, mit genau diesem Atemzug. Wenn Sie Ihre Aufmerksamkeit mit Absicht auf Empfindungen und Geräusche richten, werden Sie wacher für alles, was Sie umgibt und was Sie innerlich fühlen. Wenn die Ablenkungen aus der Vergangenheit und der Zukunft nachlassen, ist klarer ersichtlich, was in diesem Moment da ist, und es wird möglich, bewusster zu entscheiden, was als Nächstes getan werden soll.

Eine gezielte Pause einzulegen ist jederzeit möglich. Es liegt genauso nahe wie das Gefühl des nächsten Atemzugs in Ihrem Körper oder die Wahrnehmung Ihrer Füße auf dem Boden. Sie brauchen keinen ruhigen Ort und auch kein Meditationskissen. Wo auch immer Sie sind, ob mitten in einer Besprechung, einem Anruf oder auch während Sie zu Ihrem nächsten Termin gehen, die Aufmerksamkeit absichtsvoll zu den Körperempfindungen zu geleiten ist eine wirksame Art, den diskursiven Geist zu unterbrechen und den rasenden Puls zu beruhigen oder die Enge im Hals zu lösen, die vielleicht als körperliche Reaktion auf Gedanken an die Zukunft oder die Vergangenheit auftritt. Wenn Sie die Tretmühle anhalten, und sei es nur für ein paar Augenblicke, erhalten Körper und Geist die Gelegenheit, sich neu auszurichten. Das erlaubt Ihnen, die Dinge in einem klareren Licht zu sehen, bewusst statt blind zu reagieren und auch zu spüren, was Ihnen Ihr Bauchgefühl mitteilen will.

Arthur Rubinstein war einer der größten Pianisten des zwanzigsten Jahrhunderts. Gegen Ende seines Lebens, so wird berichtet, gewährte er einer jungen Journalistin ein Interview. Wegen seiner Gebrechlichkeit wurde sie gebeten, das Interview kurz zu halten. Sie dachte darüber nach und kam zu dem Schluss, dass das, was sie am meisten interessierte, die Antwort auf eine sehr einfache Frage war.

Sie lautete: „Was an Ihrem Spiel lässt die Musik so unglaublich klingen?"

Die Antwort des Meisters kam prompt: „Ich spiele die Noten keineswegs besser als viele andere, aber die Pausen … ah, das macht den großen Unterschied." Aus der Stille einer Pause entspringt der nächste Moment mit größerer Klarheit, Wärme und Inspiration. Das gilt für Musik genauso wie für die Kunst des Leaderships.

Ihre Fähigkeit, gezielte Pausen effektiv in Ihren Tag zu integrieren, hängt direkt mit der Beständigkeit Ihrer täglichen formalen Praxis zusammen. So wird es in dem Maße, in dem Sie in der täglichen Meditation mit der Ausrichtung der Aufmerksamkeit auf das Spüren des Atems vertraut werden, einfacher werden, sich kurz mit diesen Empfindungen zu verbinden, während Sie zu Beispiel auf den Beginn Ihrer Präsentation warten. Wenn Sie lernen, mit den gezielten Pausen immer wieder Kerben in die Automatismen Ihres Tages zu schlagen, werden Sie feststellen, wie diese kleinen Momente der Achtsamkeit den nächsten Moment neu gestalten.

Gezielte Pausen während der Arbeit

Vor einigen Jahren hatte ich Gelegenheit, einer ganzen Unternehmensabteilung, zu deren wichtigsten Prioritäten die Förderung von Innovation zählte, etwas über tägliche Meditationspraxis und gezielte Pausen beizubringen. Im Gespräch mit Mitgliedern der Abteilung zeigte sich, dass alle der Meinung waren, die Entwicklung einer stärkeren Innovationskultur erfordere mehr freie Zeit und mehr Raum.

Sie erzählten mir, dass Sie einfach keine Zeit hätten für informelle Gespräche, Nach- und Zwischenbesprechungen oder sonstigen Austausch zu kürzlich beendeten oder noch laufenden Projekten. Sie sagten, sie hätten keinen Raum, um sich mit der Essenz ihrer eigenen Ideen zu beschäftigen und mit den Kollegen daran zu feilen. Sie seien die ganze Zeit unterwegs von Sitzung zu Sitzung, von Auftrag zu Auftrag und wüssten einfach nicht, wie sie ihren Aufgaben anders nachkommen könnten.

Würde ein Mindful-Leadership-Ansatz da weiterhelfen?

Ich wusste es nicht, doch die beschriebene Realität der Arbeitswelt war mir auf jeden Fall vertraut. Ich hatte an mir selbst und anderen beobachtet, wie sich unser Führungsstil durch die Mindful-Leadership-Methoden verändert hatte. Doch gab es auch eine spezifische Wirkung auf Innovation? Die Leitung der Abteilung war motiviert, etwas Neues auszuprobieren. Also wagten die Mitarbeiter den Sprung.

Zu Beginn hielten wir ein Abteilungstreffen ab, bei dem ich das Experiment erläuterte und die Gruppe an eine einfache tägliche Meditation heranführte. Auch wenn sie daran gewöhnt waren, gemeinsam in einem Konferenzraum zu sitzen, war das Sitzen in Stille neu für sie. Dennoch schien der Raum binnen weniger Augenblicke in tiefe Ruhe gehüllt. Diese erste Übung bereitete den Boden dafür, etwas Neues auszuprobieren, beginnend mit dem Mindful-Leadership-Training und dann übergehend zu neuen, innovativen Prozessen und Arbeitsweisen, die hoffentlich in einer innovationsfreudigen Atmosphäre in der Abteilung resultieren würden.

Ich bat die Anwesenden darum, in ihren Kalendern Platz für eine zehnminütige tägliche Meditation zu schaffen. Dann stellte ich die Idee der gezielten Pausen vor und forderte alle auf, zwei Momente am Tag ausfindig zu machen, in die sich eine solche Pause integrieren ließe. Wir erstellten eine interne Webseite, auf der die Gruppe Ideen für gezielte Pausen aufgreifen und über auftauchende Schwierigkeiten berichten konnte.

Einen Monat darauf trafen wir uns wieder, um in der Gruppe zu meditieren und uns darüber auszutauschen, was ihnen bei dem Versuch, auf diese Weise mit dem Geist zu arbeiten und durch bewusste Pausen mehr Weite zu schaffen, aufgefallen war. Zuerst sprachen die Anwesenden darüber, wie schwierig es sei, sich an die tägliche Meditation zu erinnern und die gezielten Pausen einzulegen. Gewohnheiten zu ändern ist zu Anfang sehr schwer. Es erfordert Disziplin und Intention. Die Teilnehmenden bemerkten, wie sie von der üblichen Geschäftigkeit mitgerissen wurden und im Eifer des Gefechts ihr Vorhaben vergaßen. Aber je weiter die Tage mit der täglichen Meditation voranschritten, desto mehr stellten sie fest, dass die Fähigkeit, sich inmitten des Strudels zu sammeln, zunahm, ebenso wie die Fähigkeit, über die Wahrnehmung des Körpers die Aufmerksamkeit in den gegenwärtigen Moment zu bringen.

Einige aus der Gruppe erzählten, was sie entdeckt hatten. Manche waren überrascht, dass sie anscheinend jeden Tag Kopfschmerzen oder Spannungen im oberen Rücken verspürten, und begannen sich nun zu fragen, warum sie diese Empfindungen hatten. Was konnten sie anders machen, um die Dauer der Beschwerden zu verkürzen oder sie ganz zu verhindern?

Einige berichteten auch, dass sie sich zunehmend der routinierten und achtlosen Art, wie sie ihren Tag verlebten, bewusst wurden und ebenso der Wirkung, die die gezielten Pausen langsam auf ihre Präsenz in wichtigen Gesprächen entfalteten, ob mit dem Ehepartner, einem Kollegen, einem engen Freund, dem Sohn oder der Tochter.

Ein Ingenieur sagte: „Mir wurde klar, dass sich mein kleiner Sohn viel mehr mit meiner Gürtelschnalle unterhielt als mit mir.“ Konsequenterweise ließ er sich auf den Boden nieder und merkte, was für einen Unterschied dies in ihrem Kontakt während des Gesprächs bewirkte. Eine erfahrene Managerin berichtete, dass ihre Absicht, ihr Team mit aller Kraft zu unterstützen, dadurch boykottiert wurde, dass sie nur zum Teil aufmerksam und präsent war. Ihr wurde klar, dass sie gedanklich meistens noch ganz in die zuletzt verschickte E-Mail vertieft war, wenn einer ihrer Mitarbeiter zu ihr ins Büro kam. Daher begann sie nun, sich vor dem nächsten Termin ein wenig Zeit zu nehmen, den Bildschirm auszuschalten und sich mithilfe einer gezielten Pause mental vorzubereiten. (Später sollte sie in einem 360°-Feedback erfahren, dass die Mitglieder ihres Teams sich mehr von ihr verstanden und unterstützt fühlten als je zuvor.)

Ein weiterer Vorschlag für eine gezielte Pause, den ich den Abteilungsmitgliedern machte, war, die Fahrt zum und vom Arbeitsplatz ohne jegliche Ablenkung durch Telefonate oder Musik zu verbringen. Einfach nur aufmerksam fahren: die Straße wahrnehmen, andere Autos, Geräusche, die Berührung des Lenkrads und der Pedalen, die vielen Male, in denen die Aufmerksamkeit abdriftet, und so weiter. Als Rückmeldung auf diese Anregung hörte ich wiederholt Dinge wie: „Ich hatte noch gar nicht bemerkt, dass mein Auto so komische Geräusche macht, ich lasse das besser mal nachsehen" oder „Ich fahre diese Strecke jetzt seit zwanzig Jahren, und ich habe noch nie wahrgenommen, dass der Sonnenaufgang so spektakulär ist, wenn ich zur Arbeit komme". Eine junge Mutter stellte fest, dass sie in der Ruhe während der Fahrt den nötigen Raum fand, um ganz präsent für ihre Familie zu Hause anzukommen, viel mehr, als wenn sie noch Nachrichten von der Arbeit abhörte und gedanklich mit zwei neuen Punkten auf der morgigen To-do-Liste beschäftigt war. Eine Pause während des täglichen Pendelns einzulegen, kann eine besonders fruchtbare Übung sein. Zudem kann es Ihnen einen eindringlichen Eindruck vermitteln, was es eigentlich bedeutet, im Autopilot-Modus eine zweitausend Pfund schwere, potenziell tödliche Waffe zu steuern.

Auf der Basis der täglichen Meditationspraxis und der über den Tag verteilten gezielten Pausen ging die Abteilung einen Schritt weiter und konzentrierte sich nun besonders auf die Förderung von Innovation. Wir erforschten, wie man den bislang fehlenden Raum eröffnen könnte, der es ermöglichen würde, innovative Möglichkeiten ausfindig zu machen und auszuprobieren. Jeder bekam ein Notizbuch von mir, um es neben den Computer zu legen, und sollte sich jede Woche mindestens eine halbe Stunde frei halten und diese Zeit gezielt als Freiraum nutzen. Wenn die Angestellten die Woche über fanden, dass sie sich für etwas Bestimmtes mehr Zeit wünschten, notierten sie es im Buch. Und wenn dann die Zeit kam, die sie sich frei gehalten hatten, konnten sie es zur Hand nehmen und etwas auswählen, dem sie sich zuwenden wollten. Wir benannten das Notizbuch und die frei gehaltene Zeit nach einer Ecke im Monopoly-Spiel, „Frei Parken".

Haben Sie schon mal Monopoly gespielt und sich gefreut, als Sie auf *Frei Parken* landeten? Auf diesem Feld kann man kurz durchatmen und stößt, wenn man es wie in meiner Familie spielt, manchmal auf unerwartete Reichtümer, die aus Strafzahlungen vorheriger Runden stammen. Es erschien uns also als treffender Name für diese Erweiterung der täglichen Praxis und der gezielten Pausen.

Die vielen Dinge, die die Abteilungsmitglieder in ihre Notizbücher schrieben, reichten von „Zeit, eine Forschungsarbeit ohne Unterbrechung durchzulesen" über „Zeit, sich mit einem Industriespezialisten zu vernetzen" bis hin zu „Zeit, am Freitag meinen Schreibtisch aufzuräumen, um am Montag einen ordentlichen Platz vorzufinden". Einige fanden heraus, dass sie in der Zeit für das *Frei Parken* ihren Arbeitsplatz wirklich verlassen mussten, sonst verschwand die Zeit einfach, verschluckt von der Hektik des Tages.

Für andere erwies es sich als hilfreich, ihre Frei-Parken-Zeit mit Kollegen zu koordinieren, um eine neue Idee gemeinsam durchzuspielen. Die Praxis, absichtlich Zeiträume frei zu halten wurde zu einer Schlüsselerfahrung der Gruppe dafür, wie Atempausen Innovationen beflügeln – nämlich um so vieles mehr, als einfach zu hoffen, dass neue Ideen sich schon irgendwie von allein aus dem Strudel des Arbeitsalltags ergeben. Die Gruppe wurde immer geübter darin, zu erkennen, welche Themen und Anliegen möglicherweise von solch zusätzlichem Raum profitieren könnten.

Die Teilnehmenden berichteten von mehr Klarheit, vielen neuen Ideen und größerer Produktivität. Ein Abteilungsleiter erzählte von der Suche nach einem Namen für eine Initiative, die im folgenden Jahr im gesamten Unternehmen eingeführt werden sollte. Sein Team hatte im letzten halben Jahr noch keinen Namen gefunden und die Deadline rückte immer näher. Anstatt noch mehr Arbeitstreffen zum Brainstorming anzusetzen, entschlossen sie, sich Zeit zu nehmen, um einzeln über das Thema zu reflektieren und dabei die Methoden, die sie kennengelernt hatten, anzuwenden. Auf einer Autofahrt in Stille kam ein Mitarbeiter auf eine Idee für den Namen. Wie er dem Team später erzählte, war er darüber überrascht, dass er einfach so auftauchte, nicht als Ergebnis analytischen Nachdenkens, sondern in der Weite, die entstand, als er seinem Geist erlaubte, einfach im gegenwärtigen Moment zu ruhen.

So wichtig diese Beispiele, die von konkreten Ergebnissen und direktem Nutzen des Ansatzes zeugen, auch sind, das persönliche Erleben der Menschen bei dieser mentalen Arbeit ist es nicht minder. Viele waren begeistert über die Entdeckung, dass es einen anderen Weg gibt, mit dem Trubel ihres komplizierten Lebens umzugehen. Das Mindful-Leadership-Training verlangte nicht von ihnen, ihr Leben zu ändern, langsamer zu werden oder weniger zu arbeiten. Es förderte einfach ihr Potenzial, bewusst zu wählen, wie sie ihre Zeit verbrachten.

Die über den Tag verteilten gezielten Pausen bewirkten eine große Veränderung. In kleinen, aber sehr bedeutsamen Schritten entdeckten die Teammitglieder, wie sie ihr Leben bewusster und in größerer Fülle leben konnten, als es im Autopilot-Modus möglich ist. Sie mussten dazu weder etwas wegschieben noch ihre Arbeit vernachlässigen. Vielmehr fingen sie an, die Gegebenheiten und ihren persönlichen Umgang damit deutlicher wahrzunehmen, und konnten so gezielter entscheiden, was sinnvollerweise als Nächstes zu tun sei.

Grundlegende Anleitung für gezielte Pausen

Fertigen Sie, am besten jetzt sofort, eine Liste von drei Zeitpunkten in Ihrem Tagesablauf an, zu denen Sie eine gezielte Pause machen wollen. Ob am Morgen oder am Abend, es geht darum, Ihre Aufmerksamkeit bewusst dem zu widmen, was Sie gerade wahrnehmen, und sie genau dorthin immer wieder zurückzuführen, wenn Ihre Gedanken umherwandern oder von etwas angezogen werden. Bis die Übungen fest in Ihrem Tagesablauf verankert sind, kann es hilfreich sein, sie im Kalender zu notieren oder eine Notiz auf das Armaturenbrett oder den Badezimmerspiegel zu kleben. Einige Vorschläge:

Achtsames Zähneputzen. Nehmen Sie den Geschmack der Zahnpasta wahr, das Geräusch des fließenden Wassers und auch seine Temperatur.

Achtsames Trinken der ersten Tasse Kaffee am Morgen. Riechen Sie den Duft. Fühlen Sie die Wärme der Tasse. Schmecken Sie den Kaffee auf der Zunge.

Achtsames Gehen vom Auto zu Ihrem Ziel. Spüren Sie, wie Ihr Körper die Luft in Bewegung bringt, spüren Sie Ihre Füße auf dem Boden. Hören Sie die Geräusche Ihrer Umgebung.

Achtsames Autofahren. Fahren Sie einfach nur, ohne dabei Musik oder Nachrichten zu hören. Hören Sie auf die Geräusche um Sie herum. Fühlen Sie das Lenkrad, die Pedalen, die Polstersitze und wie die Luft Ihre Haut berührt.

Achtsames Essen. Anstatt dabei im Internet zu surfen oder Nachrichten zu schreiben, nehmen Sie wahr, wie Sie Ihren Körper nähren. Schenken Sie den Farben, Gerüchen und dem Geschmack des Essens Ihre Aufmerksamkeit.

Bestimmen Sie alle paar Wochen einen zusätzlichen Zeitraum am Tag, in dem Sie eine weitere gezielte Pause machen wollen. Vielleicht nehmen Sie bereits eine tiefere Ruhe und größere Energiereserven in sich wahr. Diese Momente, in denen Sie sich aus dem steten Fluss des Planens der Zukunft und des Überdenkens der Vergangenheit herausziehen, erlauben Ihnen, sich auszuruhen und Ihren Körper und Geist mit frischer Energie aufzutanken.

KAPITEL 6

Störgeräusche reduzieren und Signale empfangen

Das größte Kompliment, das mir je gemacht wurde, war, dass man mich nach meiner Meinung fragte und mir zuhörte, als ich antwortete.

HENRY DAVID THOREAU

Als Beth, leitende Direktorin eines großen Vertriebsunternehmens, nach einigen Tagen Abwesenheit in ihr Büro zurückkehrte, quoll ihr Postfach vor Anfragen fast über und ihr Kalender war sogar noch voller als üblich. Sie nahm sich ein paar Momente, um zu sehen, ob es in ihrem Kalender etwas gab, das gestrichen oder verschoben werden konnte, damit sie an diesem Tag etwas Raum zum Durchatmen bekäme, und ihr Blick fiel auf den Termin für ein Mentoring, das später an diesem Vormittag stattfinden sollte. Es würde ein herausforderndes Treffen werden, daher überlegte sie, es zu verschieben, um mehr Zeit zu haben. Es war ein Treffen mit einer Angestellten aus der mittleren Unternehmensebene, Catherine, deren Leistungen seit einiger Zeit deutlich abfielen. Die Verschlechterung schien mehr auf ihrer Haltung zu beruhen als auf fehlendem Können. Die Situation war problematisch, und das

Mentoring-Programm war der letzte Versuch, Catherine darin zu unterstützen, ihre Arbeitsleistung zu verbessern. Wenn Beth nicht erfolgreich wäre, würde die junge Frau entlassen werden.

Einige Wochen zuvor hatte Beth sich freiwillig gemeldet, diesen letzten Versuch mit Catherine zu unternehmen. Sie vereinbarten wöchentliche Treffen, bei denen sie sich auf bestimmte Aufgaben für die kommende Woche einigten, die sie dann beim folgenden Treffen besprachen. Da es für Catherine um so viel ging, entschied Beth nun, es lieber bei dem Termin zu belassen. Sie ließ ihn also im Kalender, arrangierte ein paar andere Verpflichtungen um und verließ ihr Büro, um zur ersten Besprechung des Tages zu gehen.

Wie üblich wurden Beths Termine an diesem Tag überzogen. Als die Zeit für das Treffen mit Catherine kam, eilte Beth zurück in ihr Büro, wo Catherine bereits auf sie wartete. Sie grüßten sich und Beth ging sofort zur Arbeit über und fragte ohne Umschweife: „Also, wie ist es mit Ihren Aufgaben gelaufen?“ Catherines Antwort kam ebenfalls prompt: „Ich habe sie nicht erledigt.“ Sie machte nicht die geringsten Anstalten, weitere Worte darüber zu verlieren.

Beth erzählte mir später von den unmittelbaren Reaktionen auf diese Antwort, die sie in ihrem Geist und Körper erlebte. „Ich konnte die Frustration und die Wut spüren, wie sie direkt von meinen Zehen aufstiegen und meinen ganzen Körper durchströmten. Ich beobachtete, wie sich in meinen Gedanken sofort die Worte formten, die ich normalerweise gesagt hätte. So etwas wie: ‚Ist es Ihnen eigentlich egal, wenn Sie gefeuert werden? Warum verhalten Sie sich so verantwortungslos?‘ und sogar: ‚Wissen Sie denn nicht, dass ich andere Sachen zu tun hatte, die ich extra für dieses Treffen verschoben habe?‘“

Allerdings spürte sie auch, dass etwas in ihrer Kollegin vorging. Sie machte eine Pause, gestattete sich, einige Atemzüge in ihrem Körper wahrzunehmen, ließ die reaktiven Urteile los und hörte sich dann selbst fragen: „Ist alles in Ordnung bei Ihnen?“ Im nächsten Moment begann Catherine zu schluchzen und war endlich in der Lage, Beth von den tragischen Ereignissen in ihrem Privatleben während der letzten Monate zu berichten. Bei ihrem Mann war eine degenerative neurologische Erkrankung diagnostiziert worden. Die Prognose war selbst im günstigsten Fall fatal, und vor ein paar Wochen hatte ihr Mann beschlossen, alle Behandlungen abzubrechen. In der letzten Woche hatte Catherine ebenfalls angefangen, aufzugeben.

Der Kontakt zwischen Beth und Catherine wäre nicht zustande gekommen, wenn Beth sich in ein typisches Gespräch gestürzt und reaktive Verurteilungen abgefeuert hätte. Aber sie hörte etwas jenseits der bloßen Worte, und es war ihr wichtig, dass sie sich die Zeit nahm und nach Catherines Befinden fragte, nicht nur nach der Erledigung der Vereinbarungen. Beths Annäherung gab Catherine das Gefühl von Sicherheit, das sie brauchte, um sich zu öffnen und von sich zu erzählen.

Die gezielte Pause erlaubte Beth, wahrzunehmen, dass es etwas Wichtiges gab, das unausgesprochen unter der Oberfläche lauerte. Sie erzählte mir später, dass sie sich nach diesem Treffen fragte, wie oft sie in der Vergangenheit die eigentliche Botschaft nicht wirklich gehört hatte.

Unter Elektroingenieuren gibt es einen großartigen Slogan: *Reduziere die Störgeräusche und erfasse das Signal.* Er bringt auf den Punkt, worum es im Herzen von achtsamer Kommunikation geht. Die vielen Ablenkungen, die unseren Geist davon abhalten, voll und ganz aufmerksam zu sein, sind eine Art Störgeräusche. Wir verpassen etwas von dem Gesagten, weil unsere Aufmerksamkeit abdriftet oder von etwas anderem angezogen wird, selbst wenn wir jemandem am Tisch gegenübersitzen und ihn geradeheraus ansehen. Wir hören der anderen Person nicht zu, wie auch oft uns selbst nicht. Wie wir im Fall von Beth und Catherine gesehen haben, hätte Beths reaktiver Geist das Treffen wohl in die Hand genommen, hätte sie nicht lange genug innegehalten, um wahrzunehmen, was sie fühlte. Das Ergebnis wäre sicherlich ein vollkommen anderes gewesen.

Manchmal also gibt es Störgeräusche in unseren eigenen Köpfen. Wie oft haben Sie schon festgestellt, dass bei Besprechungen vieles redundant ist? Wir wundern uns, wie jemand diese Frage stellen konnte, wo sie doch gerade fünf Minuten zuvor bereits beantwortet wurde, oder dass jemand genau den gleichen Kommentar macht, wie ein anderer zehn Minuten zuvor. Oder wir fragen uns, ob diese Person eigentlich anwesend ist, wenn sie etwas sagt, dass so rein gar nichts mit dem Thema zu tun hat. Was ist hier los? Hören die Teilnehmer in diesen Besprechungen schlicht und einfach nicht zu?

Wenn wir ganz darin vertieft sind, unseren nächsten Kommentar zu planen oder die nächste Frage zu formulieren, ist es schwierig, noch wirklich mitzubekommen, was gerade gesagt wird. Und wenn zu all der mentalen Vorbereitung noch die Notwendigkeit hinzukommt, in einem temporeichen Gespräch eine kurze Lücke für den eigenen Beitrag zu erwischen, wird es geradezu unmöglich, eine Aussage wirklich zu hören und auf sich wirken zu lassen. All diese Störgeräusche halten uns vom Zuhören ab. Der Verlust an Produktivität in solchen vergeudeten Konversationen kann zermürbend und kostspielig sein. Wenn es hingegen gelingt, konzentriert zuzuhören und die Aufmerksamkeit zurückzubringen, wenn sie sich in den Störgeräuschen verfangen hat, sind wir in der Lage, das vollständige Signal zu empfangen. Stellen Sie sich einmal die Effizienz von Besprechungen vor, in denen jeder aufmerksam wäre! Stellen Sie sich die sehr viel höhere Qualität dieser Treffen vor, wenn man sich die Zeit nähme, sich zuzuhören und aufrichtig über die anstehenden Themen zu sprechen. Mir ist noch keine Mitarbeiterin und noch keine Führungskraft begegnet, die nicht finden, dass ein typischer Tag zu viele Besprechungen enthält und dass in den meisten davon viel Zeit verschwendet wird. Kann die Praxis achtsamer Kommunikation hier weiterhelfen?

Gregory Kramer, Autor von *Einsichts-Dialog*, stellt eine Methode der achtsamen Kommunikation vor, die für das Mindful-Leadership-Training etwas abgewandelt wurde. Sie besteht aus einem vierschrittigen Prozess, der, einmal verinnerlicht, innerhalb von Sekunden ablaufen kann.

Der erste Schritt ist *Innehalten*. In dieser Pause haben Sie Gelegenheit, mit sich selbst Kontakt aufzunehmen. Sie können Ihre Atemempfindung oder das Spüren Ihrer Füße auf dem Boden dazu benutzen, sich in der Gegenwart zu verankern, um dann das Gespräch mit Ihrem ganzen Wesen zu beginnen, mit Geist, Körper und Herz.

Der zweite Schritt besteht darin, *sich dem zu öffnen, was wirklich da ist, nicht dem, was Sie sich vorgestellt oder erhofft hatten.* Es mag einfach klingen, aber dies kann durchaus der schwierigste Schritt sein. Sie tragen Ihre Lebenserfahrungen in jede Ihrer Begegnungen hinein, dadurch können Erwartungen an ein Gespräch entstehen, die Sie beim Zuhören beeinträchtigen. Als Führungskraft tragen Sie vielleicht so viel Verantwortung dafür, Ziele zu erreichen und Vorgaben zu erfüllen, dass dieser Druck wie ein Filter für unerwartete Botschaften wirkt. In der heutigen Welt gehen Veränderungen rapide vor sich und zu jedem gegebenen Moment können wir uns Umständen gegenübersehen, die völlig anders als die uns bislang bekannten sind. Märkte können sich ändern (wie zum Beispiel Ende 2008), gesundheitliche Zustände können sich ändern (wie im Fall einer Grippewelle oder eines Tsunamis), persönliche Umstände können sich ändern (wie in Catherines Krise). Es ist unbedingt erforderlich, dass ein jeder von uns die Fähigkeit entwickelt, sich den jeweiligen Gegebenheiten zu öffnen, damit wir flexibel und effizient sind – und zugleich mitfühlend und klug in unseren Entscheidungen, wie wir es in Beths Geschichte gesehen haben.

Der dritte Schritt besteht in *tiefem Zuhören* und dem Zurücklenken der Aufmerksamkeit, wenn sie abschweift oder nachlässt. Das beinhaltet auch, sich selbst zuzuhören, den eigenen Empfindungen und Gedanken Gehör zu schenken, während Sie anderen zuhören. Sie brauchen Ihre volle Aufmerksamkeit, um mitzubekommen, was andere Ihnen mitteilen – durch Worte, Körpersprache und Gefühle –, die ganze Fülle, die in einem Kontakt liegt.

Der vierte Schritt ist *die Wahrheit zu sprechen, in der Absicht, nicht zu schaden.* Als Führungskräfte müssen wir diesen vierten Schritt wertschätzen und auch andere dazu ermutigen, und das erfordert mehr, als Ansprachen darüber zu halten. Es erfordert eine Kultur, in der sich jeder wirklich sicher fühlen kann, seine oder ihre Wahrheit auszusprechen.

Ich habe es bislang nur dann als effektiv erlebt, wenn dieses Verhalten tatsächlich vorgelebt wird. Wenn zum Beispiel „schlechte Neuigkeiten" als Gelegenheiten, etwas zu lernen und das Unternehmen widerstandsfähiger zu machen, behandelt werden, anstatt als Bedrohung für die Karriere, wird Aufrichtigkeit schon bald zu einer elementaren Qualität der Gespräche werden.

Wenn sich eine Kultur der Wahrhaftigkeit etabliert, wird es auch zunehmend wichtiger, dass die Sprechenden sich verpflichten, in der Absicht des Nicht-Schadens zu sprechen. Wahrhaftigkeit ist kein Freischein für Beleidigungen oder Verunglimpfungen, auch sollte es dabei nicht bloß um das Voranbringen der Karriere gehen. In achtsamer Weise die Wahrheit zu sagen sollte dem Wohl der Kollegen, des Unternehmens und der Allgemeinheit dienen.

Die innere Verpflichtung, Ehrlichkeit zu kultivieren, kann aber durchaus der Karriere zugutekommen, wie wir an einem Beispiel der Ford Motor Company sehen werden. Alan Mulally wurde 2006 zum CEO von Ford ernannt, zu einer Zeit, in der Ford jedes Jahr Millionen Dollar verlor. Jede Woche versammelte er seine Teammitglieder zu einer Lagebesprechung. Mulally bat alle Manager, ein Ampelsystem zu benutzen, um den Fortschritt zu erfassen: grün, wenn alles in Ordnung war, gelb, um Bedenken zu signalisieren, und rot, um ein ernstes Problem anzuzeigen. In den ersten Monaten seiner Amtszeit gaben alle Manager grünes Licht, wenn Mulally sie nach dem aktuellen Stand fragte, obwohl es mit dem Unternehmen weiter bergab ging. Mulally war mehr als nur ein wenig frustriert. Schließlich aber hielt einer der Manager, Mark Fields, ein rotes Signal hoch. Nur zu gut kann man sich vorstellen, wie sich am Konferenztisch die Köpfe drehten und die Augen weiteten, als Fields Probleme eingestand. Die Antwort des CEO: „Großartig, Mark. Gibt es etwas, womit wir Ihnen helfen können?“ Fields sollte schließlich innerhalb von vier Jahren Fords Geschäfte in Nordamerika von Spitzenverlusten zu Spitzengewinnen führen und wurde im Herbst 2012 zum CEO ernannt. Mulally hatte zu Aufrichtigkeit ermutigt, und als Fields die Gelegenheit ergriff, herauszufinden, ob es sich dabei um eine authentische Geste handelte, ließ Alan Mulally seinen Worten Taten folgen.

Wenn sich die Gespräche in einem Unternehmen nicht durch Wahrhaftigkeit auszeichnen, liegt es manchmal daran, dass die Mitarbeiter glauben, niemand wolle schlechte Neuigkeiten hören und abweichende Standpunkte zu formulieren sei nur etwas für Außenseiter und Einzelgänger. Unternehmen mit einer solchen Dialogkultur mögen zwar eine glänzende Oberfläche besitzen, von innen fühlen sich aber eher beengend an; das Engagement der Mitarbeiter hält sich in Grenzen und das Unternehmen ist weniger innovativ. Die Wahrheit erzeugt Widerstand – und Widerstand ist gut. Wie Maya Lin, die Architektin des Vietnam Memorial einmal bemerkte: „Ohne Widerstand können wir nicht fliegen."

Achtsame Kommunikation – sich selbst zuhören

Um achtsame Kommunikation zu erlernen, probiert man sie am besten in alltäglichen Situationen bei der Arbeit und im sonstigen Leben aus. Ein guter Start sind die Übungen, mit denen Sie sich auf die Anwendung in realen Situationen vorbereiten können. Diese erste Übung lädt Sie ein, sich näher damit vertraut zu machen, wie Ihr Geist und Körper auf bestimmte Wörter reagieren und zu sehen, welche Einsichten Sie aus diesen Reaktionen gewinnen können.

Setzen Sie sich bequem hin und lesen Sie langsam die folgende Liste von achtsamen Verhaltensweisen und ihren jeweiligen Definitionen durch. Seien Sie insbesondere aufmerksam auf Empfindungen in Ihrem Körper. Bemerken Sie Spannungen? Erzeugen bestimmte Wörter eine Resonanz in Ihnen? Nehmen Sie auch die Gedanken und Gefühle wahr, die ausgelöst werden. Bringen Sie dem, was Sie wahrnehmen, Interesse entgegen. Es besteht keine Notwendigkeit, es zu analysieren oder wegzuschieben.

Akzeptanz: Dinge genauso sehen, fühlen und anerkennen, wie sie im gegenwärtigen Moment sind. Akzeptanz bedeutet nicht Passivität, Resignation oder Einverständnis. Sie erlaubt eine klare Wahrnehmung der Gegenwart, die unsere Handlungen prägt.

Loslassen: Veränderung geschehen lassen und nicht festhalten an Gedanken, Gefühlen und Erfahrungen. Es handelt sich um gezieltes Tun und ist nicht mit Unterdrückung oder Vergesslichkeit gleichzusetzen.

Offenheit: Dinge wahrnehmen, als sei es das erste Mal. Bewusstheit über Haltungen und Meinungen, die eine solche frische Wahrnehmung blockieren.

Großzügigkeit: Geben im gegenwärtigen Moment aus Fürsorge und Mitgefühl, ohne das Bedürfnis nach Gewinn, Anerkennung oder Ausgleich.

Urteile zurückhalten: Ungeteilte Zeugenschaft. Moment für Moment gegenwärtig beobachten ohne Bewertung oder Kategorisierung.

Empathie: Im gegenwärtigen Moment die Situation einer anderen Person fühlen und verstehen, einschließlich ihrer Perspektiven, Gefühle und Handlungen.

Nicht-Erstreben: Nicht anhaften an Ergebnissen oder Zielen; die Dinge nicht erzwingen durch Festhalten oder Wegschieben.

Liebenswürdigkeit: Bedachtsamkeit, Freundlichkeit und Sanftheit. Liebenswürdigkeit ist allerdings nicht passiv, zögerlich oder nachgiebig.

Haben Sie beim Lesen der Liste bemerkt, dass bestimmte Wörter körperliche Empfindungen auslösten? Wärme in der Herzgegend? Enge im Brustkorb? Welche Gedanken tauchten in Begleitung dieser Empfindungen in Ihrem Kopf auf? Kamen Urteile auf? Wenn Sie sie genauer betrachten, können Sie viel darüber lernen, wie Ihr Geist Informationen verarbeitet. Im Wesentlichen üben Sie, sich selbst zuzuhören.

Achtsame Kommunikation – anderen zuhören

Sie können diese Übung erweitern, indem Sie sich mit einem Partner zusammentun und sich gegenseitig zuhören.

> Zunächst liest sich jede Person die oben stehende Liste von Eigenschaften durch und teilt dann mit, was sie in ihrem Körper und Geist während des Lesens erlebt hat. Statt darüber zu diskutieren, tauschen die Partner dann einfach die Rollen. Jeder hat bis zu fünf Minuten und kann einen Teil oder die ganze Zeit verwenden, um in einem Monolog über seine Erfahrung zu sprechen. Die Aufgabe des Zuhörenden ist es, einfach nur zuzuhören, ohne durch Kommentare oder Fragen zu unterbrechen und sich zudem der eigenen Reaktionen bewusst zu sein. Dann werden die Rollen getauscht, und das Ganze wird wiederholt.

Diese einfache Übung enthüllt oft verblüffende Einsichten über unsere Art, zu kommunizieren. Viele Menschen empfinden Erleichterung, einfach nur zuzuhören, ohne eine höfliche Antwort geben oder einen scharfsinnigen Kommentar abgeben zu müssen. Auch wenn es zunächst etwas seltsam erscheint, dem anderen nicht auf die eine oder andere Weise zu versichern, dass man zuhört, stellt man doch meistens fest, dass das Fehlen von Nicken und verständnisvollen Lauten den Kontakt zwischen den Partnern nicht beeinträchtigt.

Beim Sprechen im Monolog entfällt die Notwendigkeit, schnell etwas hervorzubringen, bevor man unterbrochen wird. Viele Menschen stellen fest, dass ihnen dieser Umstand erlaubt, sich tiefer auf das Thema einzulassen und dabei mehr über die Bedeutung ihrer Wahrnehmungen herauszufinden. Im Freiraum eines Monologs von lediglich wenigen Minuten, so sagen viele, lässt sich es viel eher wahrhaftig sprechen, weil die eigenen Gedanken und Gefühle deutlicher gehört und verstanden werden, sowohl von der sprechenden als auch von der zuhörenden Person.

Es ist gar nicht so einfach, achtsam zu kommunizieren, besonders über emotional bedeutsame Belange. Es erfordert Engagement und Übung. Immerhin müssen wir jahrzehntelange Konditionierungen überwinden. Aber schon ein wenig Praxis mit Methoden wir der oben beschriebenen kann helfen zu erkennen, wie oft wir einfach nur *hören* anstatt *zuzuhören*. Wir verpassen etwas Wichtiges, wenn wir nicht wirklich präsent sind in Gesprächen mit den Menschen, die uns nahestehen, ob es sich nun um den Ehemann, das Kind oder die Kollegin handelt: Wir verpassen die kostbare Gelegenheit, zu verstehen und verstanden zu werden.

Die Bereitschaft, wirklich zuzuhören

Dave war ein Innovationsexperte in einem führenden Konsumgüterkonzern und damit betraut worden, eine neue Produktlinie auf den Markt zu bringen. Das Projekt sollte sehr schnell anlaufen und das Ziel war, es im dritten Quartal vorzustellen, etwa vier Monate später. Es ging gut voran und alles sah danach aus, dass er mit seinem fünfzehnköpfigen Team den Termin würde einhalten können. Wahrscheinlich würden sie sogar einige Wochen früher fertig sein.

Dave begann das Teamtreffen am Montagmorgen mit der üblichen Runde, in der die leitenden Mitarbeiter über Fortschritte und Schwierigkeiten berichteten. Nach etwa der Hälfte der Zeit allerdings beschlich Dave ein ungutes Gefühl, als er genauer hinhörte. Da sie ihr Ziel zweifelsohne erreichen würden, fragte er sich, warum er nicht mehr Begeisterung und Schwung in der Gruppe spürte. Die Berichte klangen förmlich und oberflächlich. Er unterbrach die Runde. Anstatt es „zu Ende zu bringen" oder seinen Eindruck mit dem Team zu diskutieren, beschloss er, seinen Instinkten zu vertrauen. Er stellte dem Team nur eine Frage: „Wenn es einzig und allein an Ihnen läge, würden Sie dieses Produkt dann auf den Markt bringen?" Er lud die Gruppe ein, ein paar Minuten wirklich über die Frage nachzudenken. Als er den Eindruck hatte, sie seien so weit, gab er jedem drei Minuten Zeit, um eine ehrliche Einschätzung abzugeben und ihre oder seine Wahrheit zu sprechen, in einem Monolog ohne jegliche Unterbrechung.

Als sie etwa in der Mitte der Runde waren, war den Teammitgliedern klar, dass es richtig wäre, das Projekt zu stoppen. Auch wenn sie das Produkt durchaus auf den Markt bringen konnten, so gab es doch viele Gründe, es nicht zu tun, von steigenden Kosten (was ein Produkt von geringerer Qualität bedeutete, um innerhalb des Budgets zu bleiben) bis hin zu dem Gefühl, dass es nicht mehr dem herausragenden Innovationsniveau entsprach, das mit mehr Zeit erreicht werden konnte.

Um im Setting eines Unternehmens so couragiert zu handeln, braucht man Führungspräsenz. Sein Training in achtsamer Kommunikation unterstützte Dave bei diesem mutigen Schritt. Hier sehen Sie noch einmal die vier Stufen des Prozesses:

1. Innehalten
2. Sich dem öffnen, was ist
3. Tief zuhören
4. Die Wahrheit sprechen

Dave brachte diese Prinzipien in eine gewöhnliche Besprechung ein und forderte die Gruppe auf, zu pausieren und ehrlich ihre Meinung zu dem Produkt zu äußern. Achtsame Kommunikation und achtsame Führung erfordern, dass wir unserem Gespür vertrauen. Es lädt uns dazu ein, die Situation genauer zu erkunden, anstatt einfach Aufgaben zu erledigen und Haken dahinter zu setzen. Daves Verständnis von achtsamer Führung und seine persönliche Umsetzung resultierten in einem Verhalten, das nicht von der Angst geprägt war, zu hören, was wirklich vor sich ging, oder es einfach zu übertünchen, um einen Termin einzuhalten –, und darin, den Kurs auf der Stelle zu ändern. Er vermittelte auch, dass es ihn wirklich interessierte, was die Mitarbeiter sagten. Er entschied, die Routine zu unterbrechen, um zu sehen und zu spüren, was im Raum war. Er gestattete jedem Teammitglied, einen kurzen Monolog zu halten, und stellte eine Frage, die die Option offen ließ, den seit vielen Monaten eingeschlagenen Weg zu verlassen. Zusammengenommen schufen diese Entscheidungen für alle einen Rahmen, in dem sie sich sicher fühlen und ausdrücken konnten. Vor allem aber bestand Daves Leistung darin, eine Atmosphäre der Wertschätzung von Wahrhaftigkeit und Exzellenz zu schaffen.

Die restliche Zeit der Besprechung am Montagmorgen wurde darauf verwandt, an einer besseren Idee für ein neues Produkt zu arbeiten. Es würde ein paar Tage dauern und noch ein paar Treffen erfordern, aber das Team fand schon bald eine bessere Ausführung des Produkts, die dann ausgeliefert werden konnte. Dave musste den Richtungswechsel sowie die Verschiebung der Markteinführung vom dritten auf das vierte Quartal natürlich noch seinem Vorgesetzten erklären. Die Verzögerung war zwar nicht erfreulich, wurde aber durch die innovative Güte des neuen Produkts und den zu erwartenden Erfolg aufgewogen.

Kommt Ihnen etwas an Daves Geschichte bekannt vor? Wie oft saßen Sie schon in einer Besprechung, in der eigentlich allen klar war, dass das Projekt in dieser Form keine wirklich gute Idee mehr war? Oder keine Priorität mehr besitzen sollte, da sich der Markt verändert hatte? Oder modifiziert werden müsste, weil es nicht umweltfreundlich war? Vielleicht machen die Mitarbeiter Bemerkungen auf dem Flur oder hinter verschlossenen Türen, nicht aber im Konferenzraum. Vielleicht hegen die Teammitglieder die gleichen Zweifel wie der Projektleiter, sind aber innerlich davon überzeugt, dass sie viel zu weit unten auf der Leiter stehen, um eine Kursänderung anzustoßen. Ich nenne dies die Momente, in denen wir zu beschäftigt sind, mit uns selbst zu sprechen. Wir unternehmen im Grunde große Anstrengungen, um uns zu überzeugen, dass wir noch immer auf dem richtigen Weg sind. In diesen Momenten kann es ein wertvolles Leadership-Instrument sein, wirklich präsent auf alles zu hören, was gesagt wird – und auch auf das, was nicht gesagt wird.

Störgeräusche durch Multitasking

Welche Auswirkungen hat Multitasking auf achtsame Kommunikation? Ein kurzer Blick auf eine typische Situation kann entscheidende Einsichten bringen. Also: Sie haben um zehn Uhr ein wichtiges Treffen mit Ihrem Chef, um ihn bezüglich eines Schlüsselprojekts auf den neuesten Stand zu bringen. Als Sie eintreffen, sagt er Ihnen, Sie sollen loslegen, auch wenn Sie möglicherweise ein paar Minuten unterbrechen müssten, falls der Anruf aus Übersee kommt, den er erwartet. Sie fangen an zu berichten, bemerken aber, dass sein Blick von Zeit zu Zeit auf die Uhr fällt oder er seine E-Mails checkt. Dazwischen nimmt er Blickkontakt auf und nickt wiederholt, er scheint Ihnen also zuzuhören. Trotzdem wissen Sie am Ende des Treffens ganz sicher, dass er eigentlich überhaupt nicht zugehört hat.

Wenn man mit jemandem spricht, der unaufmerksam ist, ist Zerstreuung spürbar statt der Verbindung, die entsteht, wenn jemand wirklich zuhört. Wenn jemand Multitasking praktiziert und beispielsweise bei einem Treffen mit einem Auge immer wieder auf die Uhr, den Laptop oder das Smartphone schaut, ist das nicht nur weniger produktiv, weil das Gesagte wahrscheinlich wiederholt werden muss, es ist zudem auch unhöflich und respektlos. Ich habe von einem Unternehmensleiter gehört, der am Anfang der Abteilungssitzung die Anwesenden bat, alle Laptops und Telefone auszuschalten. Dann sagte er: „Wenn Sie in der kommenden Stunde etwas Dringenderes zu tun haben, als an dieser Sitzung teilzunehmen, dann gehen Sie und kümmern Sie sich darum. Kommen Sie wieder, wenn Sie voll und ganz teilnehmen können." Das nennt man wohl den Ton angeben!

Als ich anfing, bewusst achtsame Kommunikation zu praktizieren, war ich erstaunt, wie oft am Tag ich meinen Geist dabei ertappte, während einer Sitzung oder eines Gesprächs mit Kollegen oder Freunden umherzuschweifen. Und ich stellte fest, wie schwierig es war, wirklich mit jemandem in Kontakt zu sein und zu hören, was jemand sagte, wenn ich dabei immer wieder auf den Computer schaute oder anderweitig abgelenkt war. Am eindrücklichsten wurde mir das in einem Gespräch mit meiner damals jugendlichen Tochter vor Augen geführt. Sie und ich bereiteten für gewöhnlich zusammen das Abendessen vor, und ich ließ mir dabei erzählen, wie ihr Tag gewesen war. Als wir eines Abends in der Küche Karotten und Sellerie schnitten, erzählte sie mir von einem Streit zwischen ihrer Freundin und einem anderen Mädchen. Während sie sprach, nahm ich die Zögerlichkeit in ihrer Stimme wahr, und mir fiel auf, dass ich gerade Multitasking praktizierte, in dem Versuch, den Einzelheiten ihrer Geschichte zu folgen und zugleich das Abendessen zuzubereiten. Ich legte mein Messer beiseite und drehte mich zu ihr um. Sie reagierte darauf mit einem kleinen Schritt nach hinten, aufgeschreckt von dem plötzlichen Anstieg an Aufmerksamkeit. Dann schien sich ihr ganzer Körper zu entspannen, und auch sie legte ihre Arbeit beiseite, um sich mir zuzuwenden und ihre Geschichte in Ruhe und Offenheit weiter zu erzählen. Es war mir eine wichtige Lehre. Die Tiefe der Verbundenheit, die ich mit anderen erlebe, ob zu Hause oder bei der Arbeit, wird direkt von meiner Aufmerksamkeit beeinflusst und davon, ob ich tatsächlich mit wachem Geist und aus dem Herzen heraus sprechen und zuhören kann.

Die meisten Menschen, die sich für Mindful-Leadership-Training interessieren, glauben, dass sie gut kommunizieren können. Immerhin sind sie sehr versiert auf ihren jeweiligen Gebieten. Die meisten haben Weiterbildungen durchlaufen, in denen ihre Fähigkeit geschult wurde, klar und präzise über ein Thema zu sprechen oder ein Publikum mit inspirierender Sprache zu motivieren und zu begeistern. Das sind verbreitete Fähigkeiten bei Menschen, denen man Talent für eine Führungsrolle zuspricht. Dennoch lassen diese Art von Schulungen oft die andere Seite von Kommunikation aus, jene Seite, bei der es darum geht, zu lernen, mit Geist und Körper *ganz genau hinzuhören, was gesagt wird*. Ob nun in einer Verhandlung, einem Mitarbeitergespräch, einer Strategiesitzung oder den informellen Gesprächen im Herzen jedes Unternehmens – die eigene mentale Abwesenheit zu bemerken kann den entscheidenden Unterschied ausmachen zwischen Erstklassigkeit und dem Abhaken der To-do-Liste. Je mehr Verantwortung Sie tragen, je mehr Menschen unter

Ihrer Leitung arbeiten und je größer die Reichweite Ihrer Führungsrolle ist, umso wichtiger ist es, den Lärm zu beruhigen, um Ihrer eigenen inneren Weisheit Gehör zu schenken und aus geklärtem Geist und Herzen sprechen zu können – und ebenso, um hören zu können, was Ihre Mitmenschen sagen und was nicht.

Gezielte Pause: Achtsame Besprechung

Wenn Sie zu Ihrer nächsten Besprechung gehen, richten Sie Ihre Aufmerksamkeit auf Ihre Atemempfindungen und lenken Sie sie dorthin zurück, wann immer sie abschweift. Wenn Sie sich auf Ihren Stuhl im Konferenzraum niederlassen, werden Sie sich der Bewegungen Ihres Körpers bewusst, wie er sich beugt, den Stuhl berührt, die Füße flach auf dem Boden platziert, einen Stift ergreift und hält und so weiter.

Fassen Sie die feste Absicht, Ihre Aufmerksamkeit ganz und gar dem zu widmen, was gesagt wird. Bleiben Sie offen und neugierig auf das, was sich entwickeln wird, anstatt sich auf Erwartungen zu fixieren. Wann immer Sie während der Besprechung feststellen, dass Ihr Geist abgeschweift ist, bringen Sie ihn in die Gegenwart zurück, indem Sie sich für einige Augenblicke auf Ihren Atem oder Ihre Körperempfindungen konzentrieren, und lassen Sie dabei die diskursiven Gedanken oder Bewertungen los, die dem wirklichen Zuhören im Weg stehen. Rufen Sie sich die vier Schritte der achtsamen Kommunikation ins Gedächtnis: Innehalten, sich dem öffnen, was ist, tiefes Zuhören und wahrheitsgemäßes Sprechen (immer in der Absicht, nicht zu schaden).

Nehmen Sie sich am Ende einen Moment Zeit, um zu reflektieren, wie Sie die Besprechung erlebt haben. Was ist Ihnen aufgefallen bezüglich Ihrer selbst, den anderen Anwesenden, der Effizienz oder Ineffizienz der Zusammenkunft? Ist dies vielleicht eine gezielte Pause, die Sie zum Bestandteil einer jeden Besprechung machen wollen? Haben Sie möglicherweise Vorschläge zur Veränderung im Ablauf der Besprechungen? Wurde das Treffen von einer besonders starken Persönlichkeit dominiert? Wäre ein zweiminütiger Monolog hilfreich gewesen? Würde eine „Kein-Smartphone-kein-Laptop"-Regel Zeit einsparen? War eine Atmosphäre der Wahrhaftigkeit im Raum?

Kapitel 7

Einfach gehen ... Sinne und Empfindungen

Klein ist die Anzahl derer, die mit ihren eigenen Augen sehen und mit ihren eigenen Herzen fühlen.

ALBERT EINSTEIN

Sicherlich sind Sie heute schon einmal von einem Ort zu einem anderen gegangen, vielleicht zu Ihrem Auto, zur Arbeit oder einfach den Flur entlang zu Ihrem Büro. Wie viel haben Sie mitbekommen, während Sie gingen? Können Sie sich an irgendein Detail erinnern, oder scheinen die Dinge eher verschwommen, da Sie so in Gedanken waren? Mit Multitasking vollauf beschäftigt ignorieren wir die meiste Zeit die Aktivität des Gehens, oder wir haben dabei sogar das Gefühl, ein Hindernis überwinden zu müssen, während wir von einem Termin zum nächsten eilen. Am liebsten würden wir zur nächsten Veranstaltung gebeamt werden, um uns die Zeit wieder zurückzuholen, die wir damit verschwenden, uns auf unseren eigenen Füßen fortzubewegen. Wir sind zu einer Gesellschaft von sich bewegenden Köpfen geworden, völlig in Anspruch genommen von unseren Smartphones oder unseren Gedanken über die Zukunft und die Vergangenheit. Der Erfahrung des Gehens selbst schenken wir kaum Aufmerksamkeit.

Das mag zum Teil daran liegen, dass uns gar nicht klar ist, was wir verpassen. Wenn wir achtsames Gehen praktizieren, fangen wir an, uns wieder mit unserem Körper zu verbinden und auf seine vielen Botschaften zu lauschen. Wie in Kapitel 4 beschrieben, ist die sensorische Sprache des Körpers ein reichhaltiger Informationsfluss, nicht nur durch die fünf gemeinhin bekannten Sinne, sondern auch durch das intuitive Bauchgefühl und die Propriozeption, also den Sinn, der Orientierung im Raum ermöglicht. Unsere Sinne interpretieren die Welt, sowohl die äußere, physikalische Umgebung als auch unsere innere Welt der Gedanken und Gefühle.

Das folgende Beispiel, wie Gehmeditation Sie mit Ihrer körperlichen Verfassung in Kontakt bringen und tiefe Einsichten bewirken kann, stammt aus einem Programm, das ich für die Spitzenangestellten eines pharmazeutischen Unternehmens leitete. Wir hatten gerade eine Gehmeditation im Freien beendet und waren zu unseren Plätzen zurückgekehrt, um über unsere Erfahrungen zu sprechen. Bashir, ein Finanzanalytiker mittleren Alters, teilte mit, dass er während der Übung gemerkt habe, dass er „erschöpft" sei – nicht nur von seinem geschäftigen Leben, sondern erschöpft „bis in jede einzelne Zelle". Vor dem Retreat hätte er noch nicht einmal von sich gesagt, dass er ein wenig müde sei. Ein paar Minuten lang saß Bashir still da, bevor er hinzufügte: „Dieses Gefühl sitzt tief in meinem Körper, und es hat nichts mit einem Mangel an Schlaf zu tun." Als er seinen Empfindungen weiter auf den Grund ging, beschrieb er das Gefühl als „Schwere" in der Brust und „Enge" im Hals. Seine Überraschung über diese Entdeckung verwandelte sich zusehends in offenes Interesse für die Quelle jener Gefühle, die ihm seine Energie entzogen.

Die nächsten Tage verbrachte Bashir damit, seine Empfindungen zu erkunden und den Einsichten und Gefühlen zu lauschen, die in ihm aufstiegen. Langsam wurde ihm klar, dass sie mit seinem Engagement für die Firmenpolitik seines Unternehmens zu tun hatten. Die Lage hatte sich seit der Einstellung eines neuen Leiters in der letzten Zeit verschärft. Bashir hatte immer mehr Verantwortung übernommen, und zwar lediglich aus Angst, seine Führungsposition zu verlieren, wenn er ablehnte. Nun fing er an, sein Handeln zu hinterfragen. Er konnte nachvollziehen, wie die Arbeit, die er geliebt hatte, nun zu dem Gewicht geworden war, das es ihm schwer machte, am Morgen aufzustehen. Wenn er nicht innegehalten, die Signale seines Körpers zugelassen und sich dann für deren Bedeutung interessiert hätte, hätte sich Bashir vielleicht einfach durchgeboxt. Möglicherweise hätte er genau die Information ignoriert oder missverstanden, die ihm erkennen half, wie er mit seinem Leben umging, und, was am wichtigsten ist, ihm zukünftig helfen könnte, die eine oder andere Veränderung zum Besseren einzuleiten. Seine Erfahrung war uns allen eine eindrückliche Lehre dafür, wie wertvoll es ist, mit den Empfindungen des Körpers Kontakt aufzunehmen.

Achtsame Gehmeditation

Auch wenn Sie achtsames Gehen überall und zu jeder Zeit praktizieren können, ist es für gewöhnlich anfangs hilfreich, sich einen relativ ruhigen Ort zu suchen, an dem Sie zehn oder fünfzehn Minuten ungestört sind. Das kann in einem Gebäude oder im Freien sein. Der Platz sollte genug Raum bieten, um einige Schritte auf einer geraden Strecke zu gehen. Beginnen Sie an einem Ende der von Ihnen gewählten Strecke langsam zu gehen. Es ist nicht notwendig, gekünstelt oder extrem langsam zu gehen, aber ich empfehle Ihnen, ein bisschen langsamer als in Ihrem normalen Tempo zu gehen. Wenn Sie das andere Ende erreichen, machen Sie einen oder zwei Augenblicke Pause, drehen Sie sich um und gehen Sie zurück. Sie brauchen nicht auf Ihre Füße zu schauen. Blicken Sie geradeaus, und lassen Sie das, was Sie vor sich sehen, auf Sie wirken. Ihre Arme können bequem hängen oder vor beziehungsweise hinter Ihrem Körper verschränkt sein. Wenn Sie sich umdrehen, schauen Sie weiter geradeaus, und nehmen Sie das Panorama wahr. So viel zu den äußeren Aspekten.

Was Ihr Inneres betrifft, so nehmen Sie die Empfindungen wahr, von denen in diesem Kapitel die Rede war. Die Informationen, die Ihr Körper durch seine zahlreichen Sinne bezieht, stehen Ihnen ganz zur Verfügung: Anblicke, Geräusche, die Verlagerung Ihres Gewichts von einem Fuß auf den anderen. Vielleicht nehmen Sie auch Vorgänge im Innern Ihres Körper wahr: Schmerz und Anstrengung, Hunger, Müdigkeit.

Sie gehen einfach, wissend, dass Sie gehen. Vielleicht spüren Sie Ihren Wadenmuskel beim Beugen des Fußes, den Druck auf der Ferse, wenn sie auf den Boden auftrifft, die Berührung der Luft auf Ihrer Haut, die Farben der Landschaft vor Ihnen oder die Enge in Ihrer Brust. Wenn der Geist von der simplen Erfahrung des Gehens weggezogen wird, richten Sie Ihre Aufmerksamkeit wieder darauf, wo Sie gerade sind und was Sie tun.

Diese sehr achtsame Art des Gehens dient nicht dazu, irgendwo hinzukommen. Es geht darum, den Geist in die Gegenwart der Bewegung zu bringen. Genau wie bei der Meditation mit dem Atem und den Geräuschen oder wie bei der Schreibtischstuhl-Meditation bringen Sie auch hier Ihre Aufmerksamkeit zurück, wenn sie abschweift, entschlossen und sanft, mit Disziplin und Mitgefühl. Das Zurückgeleiten Ihrer Aufmerksamkeit ist die eigentliche Praxis. Sie unterstützt Ihren Geist, sich zu stabilisieren und zu konzentrieren.

Diese Praxis kann zu Anfang sehr herausfordernd sein, da die meisten von uns nicht daran gewöhnt sind, zu gehen, ohne sich mit einem Gespräch, dem Handy, dem MP3-Player oder dem eigenen Denken abzulenken. Wenn man diese Ablenkungen absichtlich beschränkt, befindet man sich für eine Weile in seiner eigenen guten Gesellschaft und kann in Nahaufnahme beobachten, wie Geist und Körper etwas so Einfaches wie Gehen erfahren, ohne dabei mit irgendwelchen anderen Dingen beschäftigt zu sein. Vielleicht kommt Frustration in Ihnen auf, weil Sie gewöhnlich sehr schnell laufen, in dieser Übung aber langsamer als sonst gehen. Genau diese Frustration kann sehr fruchtbar sein. Sie kann als Gelegenheit betrachtet werden, die eigene Absicht für die Praxis zu vertiefen. Anstatt aufzugeben, weil man die Emotionen nicht fühlen will, kann man sie in die Übung integrieren. Wenn Frustration entsteht, kann man dieses Gefühl erst einmal erkennen und dann die Aufmerksamkeit auf die Körperempfindungen richten, die damit einhergehen. Auf diese Weise erkundet man die Eigenschaft der Frustration an sich und kann wahrnehmen, was während des weiteren Übens auftaucht.

Vielleicht bemerken Sie auch eine Anstrengung im Nacken, die von einer Flut verurteilender Gedanken begleitet wird. Anstatt auf den Inhalt der Gedanken zu reagieren, fahren Sie fort, den Geist darin zu üben, auf die Empfindungen zu achten, und zwar genau so, wie sie im Moment sind. Das erlaubt Ihnen, zu beobachten, wie Sie auf Schwierigkeiten und Veränderung reagieren. Indem Sie sich diesen Raum geben, können Sie damit experimentieren, den Empfindungen in verschiedener Weise zu begegnen. Sie könnten sich zum Beispiel dafür entscheiden, sie einfach zur Kenntnis zu nehmen, absichtlich die aufkommenden bewertenden Gedanken loszulassen und mit der Übung fortzufahren.

Bei manchen Menschen löst das achtsame Gehen eine Flut von Entdeckungen aus, oder besser gesagt Wiederentdeckungen. Bei dieser grundlegenden Übung, eine Strecke vor und zurück abzuschreiten, bietet die Freiheit des schlichten, ziellosen Gehens die Möglichkeit, einmal wieder die wunderbaren Geräusche, Gerüche und Anblicke der Umgebung zu erleben: das Zwitschern eines Vogels, das Rascheln der Blätter, den Duft von frisch gemähtem Gras. Die einfachen Freuden und Vergnügen, die Sie vielleicht aus Ihrer Kindheit kennen, sind immer noch da und warten auf Wiederentdeckung! Und Sie dürfen Ihre helle Freude daran haben.

Wenn Ihnen die Gehmeditation etwas vertrauter ist, können Sie sie zu allen möglichen Gelegenheiten und bei jeder Geschwindigkeit durchführen. Wenn Sie beispielsweise bemerken, wie Ihr Geist rast, während Sie zu Ihrem nächsten Termin hetzen, lenken Sie Ihre Aufmerksamkeit darauf, wie es sich anfühlt, wenn Ihre Ferse den Boden des Flures berührt. Jedes Mal, wenn Ihr Geist zu Gedanken bezüglich des Termins ansetzt, bringen Sie Ihre Aufmerksamkeit wieder zu den Empfindungen Ihres Körpers zurück. Wenn Sie wirklich präsent eintreffen, wird das Ihre Teilnahme an dem Treffen wahrscheinlich wertvoller machen. Oder, falls Sie bei Ihrem Sonntagnachmittagsspaziergang noch immer über die Besprechung vom

Freitagmorgen sinnieren, machen Sie Gebrauch vom achtsamen Gehen, um wieder in Ihrem Körper anzukommen. Gehen Sie, und seien Sie sich bewusst, dass Sie gehen.

Die Gehmeditation kann Teil der täglichen Meditationspraxis sein, entweder als zusätzliche zehnminütige Übung oder alternativ zu einer Meditation im Sitzen. Seien Sie geduldig mit sich. Es handelt sich hier um eine weitere, für Sie noch neue Art von mentalem Training, und es mag eine Weile dauern, bis Sie sich daran gewöhnen.

Ein Spaziergang im Wald

Bei der Praxis des achtsamen Gehens entwickeln wir die Fähigkeit, allem, was wir erleben, Aufmerksamkeit entgegenzubringen, indem wir einfach gewahr werden, wie sich unser Körper durch die jeweilige Umgebung bewegt. Wir können auch auf die Empfindungen des Herzens lauschen, auf die Leichtigkeit im Brustkorb, wenn wir uns freuen, die Enge, wenn wir Angst haben, die Schwere der Trauer, die physische Wärme der Liebe und so weiter. Wir erinnern uns langsam wieder an die Erfülltheit, die damit einhergeht, in diesem Moment ganz wach und im Körper anwesend zu sein. Schenken wir diesen Empfindungen keine Aufmerksamkeit, verpassen wir allzu leicht die Freude und die Einsichten, die auftauchen, wenn wir das Leben intensiver erfahren und empfänglich für die Botschaften unserer Sinne sind. Das zeigt auch das folgende Beispiel:

Ich befand mich mit einer Gruppe von Menschen in Führungspositionen in einem Retreat in Minnesota. Nach einer frühmorgendlichen Meditation nahmen wir das Frühstück zu uns und sahen einem ganzen Tag in Stille entgegen, einschließlich achtsamer Bewegung, Sitz- und Gehmeditationen. An den beiden Tagen zuvor hatte es geregnet, und uns schien bereits ein wenig die Decke auf den Kopf zu fallen. Ich hoffte, dass wir an diesem Tag viel Zeit draußen würden verbringen können. Am frühen Morgen war es noch etwas neblig, aber es regnete nicht, daher begannen wir den Tag mit achtsamem Gehen auf nahe gelegenen Wanderpfaden.

Als wir an einer großen Pinie vorbeikamen, machte ich die anderen darauf aufmerksam, dass das riesige Nest nahe der Baumkrone einem Paar Weißkopfseeadlern gehörte. Allerdings schienen sie nicht zu Hause zu sein. Wir hielten einen Moment an, um die Schönheit der Architektur des Nests auf uns wirken zu lassen, und gingen dann an dem Baum vorbei. Nach ein paar Schritten flüsterte mir der Assistent des Retreats ins Ohr, dass der Adler sich auf der Rückseite des Baumes niedergelassen habe, auf einem Ast hinter dem Nest, das wir gerade von der anderen Seite gesehen hatten. Als ich mich umdrehte, saß er da, in seiner Gänze sichtbar, regungslos, die Landschaft überblickend – ein atemberaubend schöner, majestätischer Weißkopfseeadler. Wir hielten wiederum an, um diesen staunenswerten Anblick auf uns wirken zu lassen.

Schulter an Schulter standen wir beisammen, diesen Moment in Stille teilend, nur wenige Meter vom Baum entfernt. Wir fühlten uns verbunden miteinander, mit der Präsenz dieses prachtvollen Symbols der Freiheit und mit der Schönheit der uns umgebenden Natur. Und wir fühlten uns verbunden mit uns selbst, unsere Sinne waren wach und empfänglich. Wir schwiegen ehrfürchtig. Es war keinem von uns entgangen, dass wir diesen unglaublichen Moment ganz einfach verpasst hätten, wenn wir wie üblich vorbei geeilt wären.

Nach einer Weile begann der Adler sein Gefieder zu sträuben, er wölbte seinen Rücken und hob die Flügel. Ich spürte eine gespannte Erwartung in der Gruppe. Wir fragten uns, ob wir den riesigen Vogel wohl würden abheben sehen, sich hoch gen Himmel schwingend. Stattdessen hob er die Schwanzfedern an und erleichterte sich, indem er ungefähr einen halben Eimer voll Urin durchs Geäst herabstürzen ließ. Die tiefe Stille wurde von einem kollektiven Schnappen nach Luft unterbrochen, das sich schnell in spontanes Gelächter auflöste. In diesem Moment erlebten wir gemeinsam einen kindlichen Moment völliger Überraschung und großen Vergnügens.

Der Adler allerdings war noch nicht fertig mit seinem Auftritt. Als das Gelächter verstummte und er seine wachsame Stille wieder aufnahm, fragte ich mich, ob es für uns an der Zeit wäre, weiterzugehen, aber irgendwie spürte ich, dass es besser sei, noch Geduld zu haben. Einige Minuten später hörten wir zunächst und sahen schließlich auch seine Gefährtin auf den Baum zusteuern, ihre Ankunft kreischend ankündigend. Sie begrüßten sich einen Moment lang mit Schreien und dann, während wir vollauf gebannt waren von der seltenen Begegnung, der wir beiwohnten, begannen sie, sich zu paaren. Das reichte aus, ein Gelächter auszulösen, das uns die Tränen in die Augen trieb. Worte waren völlig überflüssig.

Als einige Minuten später diese zweite Welle des Lachens verebbte und wir völlig bewegungslos die Adler anstarrend dastanden, breitete das Weibchen seine Flügel aus und hob zum Flug an, segelte mühelos in großen Kreisen um die Gruppe und verschwand dann im nebligen Himmel des Morgens. Nach einer Weile entfernten wir uns langsam von der Pinie und ließen den männlichen Adler zurück, der ruhig die Landschaft überblickte.

Nachdem wir die Stille später am Tag beendet hatten und wieder sprachen, redeten viele von dem Erlebnis am Morgen. Marcia, eine der erfahrensten Managerinnen in dem Retreat, erzählte von ihrer unerwarteten Entdeckung. „Als ich die Adler betrachtete", sagte sie, „erinnerte mich das daran, welche Hochachtung wir ihnen entgegenbringen. Wir setzen den Adler auf ein Podest, weil er all die aufstrebenden Tugenden unseres Landes symbolisiert. Ich spürte die Kraft und die Ruhe der Adler, als wir sie ansahen. Und ich habe auch gesehen, dass sie schmutzig sind, und dass das in Ordnung ist." Ihre Worte fanden bei vielen von uns Resonanz. Führungskräfte glauben oft, dass sie bestimmte Ideale verkörpern und immer „zugeknöpft" sein müssen. Wir erlauben uns nicht, einmal etwas nicht zu wissen oder unsicher zu wirken. Aber das Leben ist schmutzig – und das ist in Ordnung. Auch die unordentlichen Seiten unserer selbst willkommen zu heißen ist ein wichtiger Teil von Leadership, ein wichtiger Teil von Innovation, und auch davon, unsere Verletzlichkeit zu akzeptieren – einfach davon, unser Leben zu leben. Fragen Sie mal einen Adler.

KAPITEL 8

Entdecken Sie Ihre Führungsprinzipien

Du musst die Stadt der Bequemlichkeit verlassen und in die Wildnis der Intuition ziehen … Was du entdecken wirst, ist wunderbar. Was du entdecken wirst, bist du selbst.

ALAN ALDA

Es ist ein kalter Januarmorgen, und die Woche beginnt um neun Uhr mit einem Treffen in der Aula des Unternehmens. Das Management sitzt versammelt in der ersten Reihe und der CEO begibt sich aufs Podium. Er beginnt seine Rede mit der Erinnerung daran, dass das Unternehmen ein gutes Jahr hatte, der Markt aber Veränderungen unterliegt und es an der Zeit ist, neue Ziele anzuvisieren. Zudem, so eröffnet er den Angestellten, hat die Abteilung für Effektivität eine Reihe neuer Führungsprinzipien ausgearbeitet, die bei der Anwendung der neuen Strategien zur Zielerreichung helfen sollen.

Kommt Ihnen das bekannt vor?

Eine großflächige Präsentation der Prinzipien wird gezeigt, typischerweise eine Auflistung von Begriffen und Sätzen, vielleicht im Kreis oder in einer Pyramide angeordnet, sorgfältig mit Farben versehen. Die Liste mag Wörter enthalten wie *Ethik, Innovation, Inklusion* oder *Service*. Oder vielleicht handelt es sich um eine Reihe Führungsprinzipien wie die folgenden:

1. Wir werden die hohen ethischen Standards bei der Erbringung unserer Dienstleistungen aufrechterhalten.
2. Wir werden unseren Businessplan einwandfrei umsetzen und dabei flexibel und innovativ bleiben.
3. Wir schaffen eine Atmosphäre der Inklusion und des gegenseitigen Respekts.

Jemand aus dem Topmanagement bekräftigt nochmals die Wichtigkeit dieser Liste.

Alle verlassen das Treffen mit einer handlichen Version der neuen Führungsprinzipien und vielleicht sogar einem Bildschirmschoner für den Computer oder einer App fürs Handy. Die Liste soll inspirieren und verbinden und darüber hinaus die Erwartungen der Unternehmensleitung an sich selbst und alle Mitarbeiter klar kommunizieren. Zwar ist es wichtig, dass die Mitarbeiter um die Erwartungen und um die im Unternehmen geschätzten geschäftlichen Prinzipien wissen. Aber ist eine solche Kommunikation ausreichend, damit alltägliche Entscheidungen an jenen Prinzipien ausgerichtet werden?

Hat Sie jemals jemand nach Ihren Führungsprinzipien gefragt?

Wie sehen sie aus?

Warum ist es wichtig, dass Sie sie kennen?

In diesem Kapitel werden wir uns mithilfe des Mindful-Leadership-Trainings diesen Fragen annehmen. Beginnen wir mit einer Reflexion.

Reflexion über Führungsprinzipien

▶ Für diese Reflexion brauchen Sie Papier und Stift und einen ruhigen, ungestörten Ort. Setzen Sie sich in Meditationshaltung, die Füße auf dem Boden, den Rücken gerade, die Hände bequem auf dem Schoß oder auf den Oberschenkeln, die Augen geschlossen oder den Blick entspannt nach unten gerichtet.

Richten Sie Ihre Aufmerksamkeit auf Ihren Atem, spüren Sie das Ein- und Ausatmen. Lassen Sie die Atempraxis die Konzentration und Stabilität Ihres Geistes vertiefen, indem Sie Ihre Aufmerksamkeit immer wieder zurückbringen, sobald sie abschweift.

Wenn Ihr Körper und Ihr Geist zur Ruhe gekommen sind, stellen Sie sich im Stillen Fragen zu Ihren Prinzipien:

Welches sind meine Führungsprinzipien?
Welche Prinzipien liegen dem zugrunde, wer ich bin und wie ich führen will?
Welche Prinzipien liegen mir besonders am Herzen?
Welche Prinzipien dienen mir als Steuerrad, wenn die Komplexität des Lebens sich anfühlt wie ein stürmischer Ozean?

Seien Sie offen und neugierig. Lassen Sie Raum, damit die Antworten sich Ihnen eröffnen können. Sie können sich diese Fragen eine nach der anderen stellen und wahrnehmen, welche Reaktionen auftauchen, oder Sie können sie zusammenfassen und sehen, was sich dann zeigt.

Legen Sie die ersten reflexhaften Antworten zunächst zur Seite, und lassen Sie das diskursive Denken los, das möglicherweise die Fragen analysiert. Stattdessen geben Sie den Antworten Zeit und Raum, um aus Ihrem Innern aufzusteigen.

Die Antworten sind alle schon da, sie brauchen vielleicht nur ein wenig Zeit, um sich ihren Weg durch den geschäftigen Geist zu bahnen, insbesondere nach vielen Jahren, in denen Ihnen gesagt wurde, wie erfolgreiches Leadership aussieht. Schenken Sie allen körperlichen Empfindungen Aufmerksamkeit, die während der Reflexion spürbar werden. Sie könnten Ihnen helfen, Ihre Antworten zu finden. Seien Sie geduldig.

Wenn Sie bereit sind, öffnen Sie die Augen und schreiben Sie Ihre Antworten auf. Kümmern Sie sich nicht darum, sie zu bewerten. Bleiben Sie weiterhin allen körperlichen Empfindungen gegenüber achtsam. Vielleicht bemerken Sie Unbehagen in Ihrem Körper, Leichtigkeit im Brustkorb oder Enge im Nacken, während Sie Ihre Antworten niederschreiben. Seien Sie neugierig darauf, was diese Empfindungen wohl bedeuten mögen. Sind sie Ihnen vertraut? Aus welchen Situationen kennen Sie sie? Sind Sie überrascht, welche Prinzipien auftauchen?

In Retreats und Workshops zu Mindful Leadership habe ich von Teilnehmern gehört, dass sie sehr überrascht waren über einige der Wörter, die aus ihnen hervorkamen. Es waren nicht die typischen, handlungsorientierten Charakteristika, die sie aus ihrer täglichen Arbeit kannten. Die Reflexion gab anderen, tieferen Eigenschaften Ausdruck, die mit exzellentem Leadership im Zusammenhang stehen. Hier eine Auswahl:

Freundlichkeit
Entdeckergeist
Wahrheit
Fairness
Wunsch, Erfahrungen weiterzugeben
Großzügigkeit
Die Welt zu einem besseren Ort machen
Respekt für alle

Liebe
Exzellenz
Wille, zu experimentieren und aus Fehlern zu lernen

Die Führungsprinzipien eines Unternehmens sind die Leitlinien dafür, wie die Führungsetage Geschäfte abgewickelt sehen möchte. Ihnen liegt die Annahme zugrunde, dass das Unternehmen wahrscheinlich erfolgreich ist, wenn jeder sich den Prinzipien entsprechend verhält. Das ist ein wichtiges Anliegen. Dennoch gibt es einen großen Unterschied zwischen dem Befolgen von Verhaltensvorgaben und der Entdeckung der eigenen, individuellen Führungsprinzipien.

Wenn Sie sie selbst herausfinden, so können Sie sicher sein, dass es sich wirklich um Ihre eigenen Prinzipien handelt. Sie sind zentral dafür, wie Sie Ihr Leben führen möchten, und Sie nehmen sie auch mit an den Arbeitsplatz. Wenn Sie sie selbst entdecken, sind sie ein authentischer Teil von Ihnen, sie kommen aus Ihrem Inneren. Ihr Einfluss auf Ihre Entscheidungen und Verhaltensweisen inmitten des alltäglichen Chaos ist vermutlich viel größer als der Einfluss dessen, was Ihr Unternehmen als wünschenswertes Verhalten erachtet. Das erscheint offensichtlich. Aber warum ist die Erkundung der persönlichen Führungsprinzipien kaum jemals Bestandteil von Schulungen für Führungskräfte?

Ein wesentliches Element in der Mindful-Leadership-Praxis ist das Bemühen um ein tieferes Verständnis Ihrer selbst, und das Wissen um die eigenen Führungsprinzipien ist ein Schlüsselelement dazu. Die eigenen Prinzipien zu kennen und sich für sie und die Art und Weise, wie sie uns ausmachen, zu interessieren, ist der Kompass, der einen in schwierigen Entscheidungsfragen leitet. Es ist eine Möglichkeit, die eigenen Prioritäten neu zu setzen und zu sehen, ob man in den Entscheidungen, die man trifft, diese Prinzipien verkörpert oder sich ihrem Ausdruck eher in den Weg stellt.

Die meisten von uns wurden nie nach ihren Führungsprinzipien gefragt, beziehungsweise haben sich nie die Zeit genommen, sich selbst danach zu fragen. Vielleicht mögen Sie einen Teil Ihrer täglichen

Meditationspraxis auf diese Reflexion verwenden. Erweitern Sie die Liste Ihrer Prinzipien, und bleiben Sie aufgeschlossen für das, was auftaucht. Es kann auch nützlich sein, mit einem Freund, dem Sie vertrauen, über Ihre Prinzipien und deren Bedeutung für Sie zu sprechen. Ihren Prinzipien eine Stimme zu verleihen ist eine Gelegenheit, etwas über Sie selbst zu erfahren. Das ist gut investierte Zeit. Wenn Sie bereits seit einer Weile im Berufsleben stehen, werden Sie sich zweifellos in Situationen wiederfinden, in denen Sie schwierige Entscheidungen treffen müssen. Unter dem Druck solcher Momente werden Sie nicht die Muße haben, sich auf die Suche nach Ihren Prinzipien zu begeben.

Warum ist es wichtig, dass Sie Ihre Führungsprinzipien erkennen?

Tatsächlich gibt es so etwas wie ein Unternehmen gar nicht.

Das Unternehmen existiert nur als ein Stück Papier in einem Amt. Ein Unternehmen ist eine sich stetig wandelnde, dynamische, interagierende Ansammlung von Menschen. Das Unternehmen wird *geleitet* von Angestellten oder Ehrenamtlichen, *dient* Konsumenten, Klienten oder Patienten, es wird *finanziert* von Aktionären oder Spendern und *reagiert* auf Aktionäre und Ausschüsse. Alle diese Menschen treffen die Entscheidungen, die die Rolle des Unternehmens im größeren Kontext gestalten, ob zum Guten oder zum Schlechten. Wenn Unternehmen mit einem höheren Grad an Bewusstheit agieren sollen, müssen die Menschen, die das jeweilige Unternehmen ausmachen, ermutigt werden, sich selbst und die ihnen innewohnenden Fähigkeiten genauer zu erkunden. Ein guter Anfang kann es sein, sich die eigenen Prinzipien näher anzuschauen. Wenn das Verständnis dafür fehlt oder in Vergessenheit gerät, steigt die Wahrscheinlichkeit enorm, dass man achtlos oder nachlässig handelt.

Vor einigen Jahren wurde mir ein sehr lebendiges Beispiel dafür geschildert. Olivia, leitende Angestellte der Verkaufsabteilung einer sehr großen, börsennotierten Elektronikfirma, sah wieder einmal zusammen mit ihrem Team dem Ende des Quartals entgegen. Während alle anderen über ein verlängertes Wochenende nach Hause fuhren, würde ihr Team am Samstag die Zahlen zusammenrechnen und bis zwanzig Uhr die letzten Aufträge auf den Weg bringen. Öffentliche Firmen müssen strenge Vorgaben bezüglich der Buchhaltung einhalten, um nicht den Verdacht einer Manipulation an den Quartalszahlen aufkommen zu lassen, was die Bewertung der Aktie durch Börsenbeobachter und die Öffentlichkeit beeinflussen würde.

Das Team hatte einen zwölfstündigen Arbeitstag hinter sich und war beinahe fertig. Becky, eine Angestellte aus dem mittleren Management, war neu in der Abteilung und eifrig darauf bedacht, ihre Kompetenz zu demonstrieren. Minuten, nachdem die Rechnungsbücher für neue Bestellungen geschlossen und an Olivia sowie an die Buchungsstellen geschickt waren, nahm Becky eine neue Bestellung von großem Ausmaß entgegen. Wenn diese Bestellung im laufenden Quartal verbucht werden konnte, würde dies den ausschlaggebenden Unterschied machen, ob die prognostizierten Quartalszahlen erreicht würden oder nicht. Becky dachte sich also, sie könne einfach schnell an den Computer zurückkehren und die Verkaufszahlen verändern. Schließlich war es nur ganz knapp nach der Schließung. Warum also nicht? Es war ein hartes Jahr für das Unternehmen gewesen, und das Management übte enormen Druck auf die Verkaufsabteilung aus, um die Quartalsprognose einzuhalten. Jeder würde sich freuen, dass Becky eine neue Bestellung entgegengenommen und in letzter Minute noch einen Weg gefunden hatte, die Investmentanalysten nicht zu enttäuschen.

Becky wollte die Idee, den Auftrag noch ins geschlossene Quartal zu übernehmen, mit Olivia besprechen. Sie fand sie an ihrem Schreibtisch, in einer Hand das Telefon, mit der anderen durch Bestellungen blätternd. Olivia schaute flüchtig auf und winkte Becky in ihr Büro. Sie beendete das Gespräch und hörte Beckys Vorschlag mit halbem Ohr zu.

Als Becky ihre Erläuterung nahezu beendet hatte, klingelte das Telefon erneut. Der Präsident der Abteilung bat um einen Statusbericht, und Olivia war besorgt angesichts des Gesprächs, sodass sie einfach zu Becky sagte: „Wenn Sie irgendwelche Ideen haben, wie Sie die Quartalszahlen verbessern können, nur zu." Becky kehrte also zum Computer zurück und änderte das Formular mit den Bestellungen entgegen den offiziellen Richtlinien.

Zum großen Glück des Unternehmens entdeckte das Rechnungsbüro den Verstoß, bevor ein fälschlicher Quartalsbericht veröffentlicht wurde, doch das war noch nicht das Ende der Geschichte. Die Firma leitete eine interne Untersuchung zu den Geschehnissen ein, die in der Empfehlung mündete, Olivia zu entlassen und das ganze Team einer Fortbildung über regelkonforme Berichterstattung zu unterziehen. Später gab Olivia unter Tränen zu, dass sie es eigentlich „besser wusste". Sie erklärte: „Ehrlichkeit und Integrität sind mir so wichtig. Ich mache das seit über zehn Jahren und ich würde nie daran denken, die geltenden Regeln zu verletzen. Aber der Druck durch die Prognosen war so groß, und es ging um so viel, dass ich in diesem Augenblick heller Panik schlicht vergessen habe, wer ich eigentlich bin."

Je besser wir unsere Prinzipien kennen, desto näher kommen wir ihnen. Und je näher wir ihnen sind, desto unwahrscheinlicher ist es, dass wir in einer Notsituation vergessen, wer wir sind. Wenn gewissenhaften Menschen moralische oder rechtliche Fehler unterlaufen oder sie gegen die firmeninternen Regeln verstoßen, passiert das nicht, weil sie nicht klug oder gut ausgebildet sind, sondern weil sie nicht auf ihre eigene Weisheit hören. Die Entdeckung und das Verstehen unserer Prinzipien bringen uns unserer Weisheit näher. Fehler, wie der von Olivia und zahllose andere, von denen wir in den Medien lesen, passieren innerhalb weniger Minuten, und doch können sie Karrieren ruinieren, Familien in Not bringen und eine negative Kettenreaktion in Gang setzen, die zahllose weitere Menschen betrifft.

Natürlich gibt es Menschen, die absichtlich unmoralische Entscheidungen treffen und die nicht jene innere Weisheit besitzen mögen oder sie aus ihrem Bewusstsein verdrängt haben. Meiner Erfahrung nach sind wirklich unaufrichtige Menschen aber die Ausnahme und vermutlich so selbstbezogen, dass sie nicht in der Lage sind, die verheerenden Auswirkungen ihres Handelns zu überblicken. Bei den meisten Menschen wird die Wiederverbindung mit ihren Prinzipien die Wahrscheinlichkeit verringern, dass sie jene innere Stimme überhören, die uns in schwierigen Situationen zu der richtigen Entscheidung verhilft.

Wenn man den Raum hatte, die eigenen Führungsprinzipien zu entdecken und kennenzulernen, ist es wahrscheinlicher, dass sie auch in den Momenten von Verunsicherung und Unklarheit zugänglich sind oder auch dann, wenn sich eine Gelegenheit bietet, das routinemäßige Vorgehen zu verändern. Prinzipien verhelfen zur Erfahrung der eigenen Kraft, schwierige Entscheidungen zu treffen, jene Risiken einzugehen, die Innovationen oft mit sich bringen und das Herz für das Leiden anderer zu öffnen.

Wir haben schon einige Beispiele von angewandten Führungsprinzipien kennengelernt. In Kapitel 1 haben sie eine wichtige Rolle bei der Entscheidung für den Rückruf der Schokolade gespielt und in Kapitel 6 war es das Prinzip des Mitgefühls, das Beth wichtig genug war, um sie zu veranlassen, Catherine nach ihrem Befinden zu fragen. In beiden Geschichten standen die leitenden Personen unter enormem Druck und hätten ebenso gut eine andere Entscheidung treffen können. Wenn sie nicht in Kontakt mit ihren Prinzipien gewesen wären, wenn sie sich zum Beispiel nur für kurzfristige Zielerreichung oder die Quartalsabrechnung interessiert hätten, wären diese Situationen wahrscheinlich ganz anders ausgegangen. Die eigenen Führungsprinzipien in Entscheidungsprozesse einzubeziehen macht nicht all die anderen Dinge nichtig, die Sie bedenken müssen. Aber es hilft Ihnen, ein vollständigeres Bild der zur Verfügung stehenden Optionen zu sehen und so die bestmögliche Entscheidung zu treffen.

KAPITEL 9

Gedanken und Gefühle klar erkennen

Ich habe viele schreckliche Dinge in meinem Leben durchgemacht, und einige davon sind tatsächlich passiert.

MARK TWAIN ZUGESCHRIEBEN

Mit dem für ihn typischen Understatement deutet Mark Twain in diesem Scherz an, wie oft unsere eigenen Gedanken Besorgnis, Angst und Stress hervorrufen, die schrecklich real sind, selbst wenn die auslösende Bedrohung völlig oder in weiten Teilen eingebildet ist. Man kann in seinem Geist ganze Romane darüber verfassen, was geschehen wird oder irgendwann eventuell geschehen könnte. Wir werden hellsichtig und „wissen", was andere denken, sagen oder planen. Wir beginnen kritische Analysen über uns selbst, die das Unmögliche zum Mindeststandard machen. Im weiteren Verlauf tragen uns unsere Gedanken völlig aus der Gegenwart unseres Lebens.

Wir messen unseren Gedanken zu viel Bedeutung bei. Wir nehmen sie oft für bare Münze, während sie in Wirklichkeit viel eher zufällige Ideen sind, die wahr sein können oder eben auch nicht. Bei der Entwicklung von Führungsexzellenz durch mentales Training besteht der nächste Schritt darin, Gedanken zum Objekt der Aufmerksamkeit zu machen. Diese Art der Meditation unterstützt uns dabei, *den Vorgang des Denkens an sich* besser zu verstehen. Sie erlaubt uns, unsere Gedanken als weniger konkret wahrzunehmen und schafft so mehr Raum, damit wir sie klarer erkennen können und bewusst entscheiden, wie wir – falls überhaupt – reagieren wollen.

Meditation mit Gedanken und Gefühlen

In den vorangegangenen Kapiteln lag der Fokus der täglichen Meditation auf den vielfältigen Weisen, auf die der Körper die Welt erlebt und interpretiert. Atem, Geräusche und andere körperliche Empfindungen dienten dabei als Objekt der Aufmerksamkeit. In der nun folgenden Übung werden zunächst die Gedanken und dann die Emotionen zu jenem Objekt, im Prinzip geht es jedoch um dasselbe mentale Training wie in Kapitel 4 beschrieben. Zu Beginn vergegenwärtigen Sie sich nochmals die vier Schritte der täglichen Meditationspraxis:

1. Nehmen Sie eine bequeme Sitzhaltung ein. Lassen Sie Ihren Körper zur Ruhe kommen und sich getragen fühlen. Sie brauchen kein Meditationskissen, auch wenn Sie natürlich eines verwenden können. Ein Stuhl mit gerader Rückenlehne ist ebenso gut geeignet.
2. Wählen Sie ein Objekt für Ihre Aufmerksamkeit. In der in diesem Kapitel behandelten Praxis sind dies Ihre Gedanken und Emotionen.
3. Während Sie absichtsvoll Ihre Aufmerksamkeit auf das Objekt richten, nehmen Sie eine offene, interessierte Haltung gegenüber allem ein, was Ihnen begegnet. Es ist nicht notwendig, zu kontrollieren oder zu bewerten, was Sie wahrnehmen.
4. Wenn Ihre Aufmerksamkeit vom gewählten Objekt weggezogen wird oder abdriftet, nehmen Sie es zur Kenntnis und führen Sie sie wieder zurück, ohne darüber zu urteilen, wie gut Sie Ihre Sache machen.

Achtsamkeit auf die Gedanken

▶ Es ist hilfreich, zu Beginn der Übung die Aufmerksamkeit ein paar Minuten lang beim Atem verweilen zu lassen. Danach, wenn Sie sich bereit fühlen, entlassen Sie die Atemempfindung aus dem Fokus. Bringen Sie Ihre Aufmerksamkeit zu Ihren Gedanken und beobachten Sie, wie sie aufsteigen und sich wieder auflösen. Dabei handelt es sich nicht um eine Einladung zum *Denken*. Es ist eine Einladung, den *Vorgang des Denkens an sich* wahrzunehmen. Erkennen Sie einen Gedanken einfach als genau das, was er ist, nämlich ein Gedanke. Wir haben die Tendenz, unsere Gedanken für mehr als einfach einen „Ausfluss unseres Geistes" zu halten, wie Jon Kabat-Zinn es beschrieb. Tatsächlich können unsere Gedanken vieles sein: mitfühlend oder auch nicht, mit unseren Werten verbunden oder unverbunden, eine Situation oder eine Person zutreffend einschätzend oder auch nicht. Ganz sicher aber sind sie nicht „wir". Wir sind so vieles mehr als unsere Gedanken. Wenn das nicht so wäre, wie könnte man dann erleben, dass ein Gedanke während einer Meditation aufsteigt?

Während der Praxis kommt Ihnen möglicherweise ein Gedanke über das Wetter in den Sinn, ein Punkt auf Ihrer To-do-Liste oder eine Erinnerung aus der Studienzeit. Es ist nicht nötig, irgendetwas mit diesem Gedanken zu tun. Erleben Sie einfach mit, wie er auftaucht, wie er wieder vergeht und wie vielleicht ein anderer Gedanke aufsteigt. Ob Sie einen einzelnen Gedanken betrachten, dem eine Lücke folgt, oder eine ganze Lawine, bei der sich ein Gedanke an den nächsten reiht, praktizieren Sie mit Offenheit und Interesse für den Vorgang des Denkens. Es geht bei dieser Praxis nicht darum, den Geist leer zu machen oder etwas an dem Geschehen zu verändern. Es macht die Meditation nicht „besser", wenn Sie weniger Gedanken beobachten. Es geht darum, mitzuerleben was passiert, egal, worum es sich handelt und wie es ist.

Die Tatsache, dass bestimmte Gedanken dazu neigen, andere hervorzurufen, mag Ihre Praxis beeinflussen. Anstatt das Entstehen und Vergehen

> von Gedanken zu beobachten, reagieren Sie auf einen gewissen Gedanken mit verstärktem Denken. Vielleicht beginnen Sie mit einer Problemlösung, dem Planen von nächsten Schritten oder der Auseinandersetzung mit dem Inhalt des Gedankens. Wenn Sie das bemerken, lassen Sie den Strom der Gedanken einfach wieder gehen und kehren Sie dazu zurück, den Prozess des Denkens aufmerksam zu beobachten.

Mit dieser Übung betreten Sie einen neuen Weg, dem zu begegnen, was in Ihrem Geist auftaucht. Anstatt jeden Gedanken zu analysieren, auf ihn zu reagieren oder noch mehr zu denken, gestatten Sie Ihrem Geist einfach, in der Bewusstheit Ihres eigenen Denkens zu verweilen. So schaffen Sie sich inneren Raum, in dem Sie Ihre Gedanken klarer betrachten können. Aus dieser Klarheit heraus können Sie bewusst entscheiden, auf welche Gedanken Sie reagieren und welche Sie einfach ziehen lassen wollen. So können Sie lernen, Ihre konditionierte Reaktivität zu erkennen, und ebenso jene Gedanken, die Ihnen Energie entziehen oder Ihr Potenzial zu Kreativität und Mitgefühl einschränken.

Mit unseren Gedanken auf diese Weise zu üben, kann es leichter machen, zu erkennen, wenn es einen inneren Kampf zwischen Intuition und Verstand zu geben scheint. Marcel, ein französischer Unternehmer und Autor, beschrieb diesen Kampf.

> Ich hatte ein sehr erfolgreiches Geschäft, das gerade erst Wachstumskurs aufgenommen hatte. Ich mochte die Arbeit, und dennoch gab es ein nagendes Gefühl tief in meinem Innern, dass es an der Zeit sei, es zu verkaufen. Für die meisten meiner Kollegen klang das völlig verrückt. Warum sollte ich auch nur darüber nachdenken, wo sich doch all meine harte Arbeit langsam auszuzahlen anfing? Aber ich fühlte immer wieder einen starken Drang, etwas anderes mit meinem Leben anzufangen, auch wenn ich keine Ahnung hatte, wie das aussehen sollte. Mehrere Wochen praktizierte ich einfach stetig weiter mit dieser Unsicherheit, nahm meine Gedanken wahr –

Zweifel, Kritik und Verurteilungen. Und gelegentlich spürte ich die größer werdende Klarheit, dass es an der Zeit war, weiterzuziehen. Schließlich fiel die Entscheidung. Ich wollte verkaufen. Und an dem Tag, an dem ich das Geschäft überschrieb, spürte ich eine Welle von Energie in mir anfluten. Die Entscheidung stimmte mit meinen zentralsten Werten überein, und ich bin noch immer glücklich darüber.

Ping-Pong-Bälle

An Tagen, an denen der Geist vor lauter umherspringenden Gedanken schier zu explodieren scheint, kann die oben beschriebene Praxis von großem Wert sein. Phyllis, Vizepräsidentin eines Unternehmens in der Ernährungsforschung, beschrieb ihre Erfahrung damit während eines sehr schwierigen Tages.

Wir waren mitten in einer intensiven Überprüfung einiger möglicher Sicherheitsrisiken, die unserem Managementteam am späten Montag aufgefallen waren. In meiner Abteilung gab es zu wenige Ressourcen, um mit der plötzlichen Flut an Fragen und dem Informationsbedarf umzugehen. In meinem Kalender standen bereits dreifach vergebene Termine, und obwohl ich am Dienstag um sieben Uhr morgens ankam, eineinhalb Stunden früher als sonst, hatte ich einfach keine Ahnung, wie ich all das bewältigen sollte, was nun getan werden musste. Ursprünglich war in meinem Kalender für halb neun die Achtsamkeitsmeditation eingetragen, die wir jeden Dienstag machten, aber ich wusste, dass es einfach aussichtslos war, mir die halbe Stunde zum Praktizieren heute nehmen zu können. Also sprang ich kopfüber in den Tag und jonglierte mit all den Anfragen nach Information, der gebotenen Eile und der Verantwortung, Prioritäten festzulegen.

Aber als es kurz vor halb neun war, eilte ich zu meiner eigenen Überraschung in den Konferenzraum, in dem die Meditation stattfand. Ich war ein paar Minuten zu spät, und die anderen hatten schon angefangen, als ich die Tür öffnete und kurz darauf auf meinem Stuhl saß. Ich begann mit der Wahrnehmung meiner körperlichen Empfindungen und bemerkte schon bald die Verspannung in meinem Nacken und meinen flachen Atem. Ich beobachtete, wie oft meine Aufmerksamkeit geradezu von meinem Atem weggezogen wurde.

Als wir angeleitet wurden, zu den Gedanken überzugehen, wurde ich des inneren Bildes gewahr, dass Tausende Ping-Pong-Bälle, ein jeder ein Gedanke, in meinem Kopf umhersprangen. Dann schienen sich die Bälle zu einem Strom zu verdichten und an mir vorbeizufließen. Im weiteren Verlauf wurde mir auch bewusst, dass mein Atem jetzt bis in meinen Bauch floss und mein Nacken weniger verspannt war. Als die Glocke das Ende der Meditation signalisierte, war ich in der Lage, in den Strom hineinzugreifen und eine bewusste Entscheidung zu treffen, um welche Bälle ich mich zuerst kümmern und wie ich dem Tag entgegentreten würde. Ich hatte den inneren Raum gefunden, um mit bewussten Entscheidungen die Führung zu übernehmen, anstatt zu versuchen, auf jeden der herumspringenden Bälle in meinem Kopf zu reagieren.

Phyllis Erfahrung in der Meditation an diesem Morgen war die eines sich unablässig in Aktion befindlichen Geistes, und sie fand einen Weg, den Aufruhr so zur Ruhe kommen zu lassen, dass sie wieder zu bewussten Entscheidungen in der Lage war.

Bei der Meditation mit dem Fokus auf den Gedanken ist es zudem möglich, sich bestimmter Verhaltensgewohnheiten bewusst zu werden, sowie der Gedanken, die ihnen vorausgehen. So hat man die Möglichkeit, bewusst zu wählen, was als Nächstes geschehen soll, anstatt auf die gleiche Weise zu reagieren wie schon so viele Male zuvor. Simon, Präsident der Marketingabteilung einer Bekleidungskette, schilderte kürzlich seinen Kollegen im Mindful-Leadership-Training eine solche Erfahrung:

Ich hatte über den Tag verteilt gezielte Pausen gemacht, dabei waren mir besonders meine typischen Gedanken und Verhaltensweisen während der Teambesprechungen bewusst geworden. Ich stellte mir ein paar einfache Fragen aus dem Training:

Was nehme ich in meinem Geist und in meinem Körper wahr?
Was ist jetzt zu tun?

Die Antwort auf die erste Frage zeigte sich als anhaltende Empfindung. Ich spürte eine Art leichter Spannung in meinem Körper, als wäre ich in Alarmbereitschaft. Und ich bemerkte auch einen steten Strom von Aufforderungen, Ideen und Fragen, die sich in meinem Geist abspielten. Aber als ich die zweite Frage stellte, erhielt ich immer die gleiche Antwort: „Sei still!"

Die anderen im Raum schmunzelten und nickten. Simon fuhr fort:

Bei einem Teamtreffen stellte ich fest, dass in meinem Geist Gedanken zu Lösungsmöglichkeiten für das jeweils besprochene Problem auftauchten. Aber als ich einen Moment innehielt und mich fragte, was in diesem Moment das Klügste sei, erschienen die Worte „sei still".

Als ich anfing, diesem Rat zu folgen und dem Drang zu widerstehen, mit meiner Meinung vorzupreschen, sah ich, dass das Team von selbst auf neue und oftmals auch bessere Ideen kam.

Und, was sehr wichtig ist, mir wurde dabei klar, dass ich wirklich die Entwicklung von allen Mitgliedern des Teams unterstütze, indem ich sie gemeinsam lernen und sich weiterentwickeln lasse. Ich hörte auf, vorschnell einzuspringen, um das Problem auf der Basis dessen, was in der Vergangenheit funktioniert hatte, zu lösen. Das schaffte Raum für das Team, um neue Ideen einzubringen. Das kam einerseits dem Projekt zugute, andererseits engagierten sich die Mitarbeiter mehr im Team.

Achtsamkeit auf die Gefühle

Wir haben gesehen, dass wir unsere Aufmerksamkeit auf den Vorgang des Denkens richten können, ohne noch mehr Gedanken anzuhäufen oder ihnen mehr Bedeutung beizumessen, als ihnen zusteht. In ähnlicher Weise können wir mit unseren Emotionen als Objekt der Aufmerksamkeit vorgehen.

▶ Üben Sie zu Beginn ein paar Minuten mit dem Atem. Wenn Sie bereit sind, lassen Sie die Atemempfindungen in den Hintergrund treten und richten Sie Ihre Aufmerksamkeit auf Ihre Gefühle. Beobachten Sie, wie sie auftauchen und wieder verschwinden.

Genau wie Atemzüge, Geräusche und Gedanken haben auch Gefühle einen Anfang und ein Ende. Diese Übung kann zunächst herausfordernd sein, weil kaum jemand von uns gelernt hat, den eigenen Emotionen mit Interesse zu begegnen. Sehr wahrscheinlich haben auch Sie gelernt, sie zu unterdrücken, insbesondere, wenn es sich um unangenehme Gefühle handelt. Allein, sich darüber im Klaren zu sein, was man eigentlich fühlt, kann manchmal schwierig sein. Seien Sie also geduldig mit sich.

Eine hilfreiche Möglichkeit, mit den Gefühlen zu üben, ist es, zu beobachten, dass wir Gefühle oft zuerst im Körper wahrnehmen, bevor wir uns ihrer kognitiv bewusst werden. Man nimmt beispielsweise ein Gefühl der Übelkeit wahr, ehe einem klar wird, dass man wegen des Jahresabschlusstreffens mit dem Vorgesetzten am Nachmittag nervös ist. Oder man hat Tränen in den Augen, bevor man die liebevollen Gefühle für den Sohn spürt, der gerade bei seiner Zeugnisvergabe auf der Bühne steht. Wenn man sich den Gefühlen zuwendet, werden auch die damit einhergehenden körperlichen Empfindungen deutlicher.

Während des Praktizierens können Sie sich in die Meditation hinein entspannen und die Gefühle, die Sie erleben, schlichtweg so zur Kenntnis nehmen, wie sie sind. Es ist nicht nötig, über sie nachzudenken. Wenn Sie zum Beispiel feststellen, dass Sie wütend sind, nehmen Sie einfach zur Kenntnis: *Das ist Ärger*. Sie brauchen nicht Ihren diskursiven oder analytischen Verstand einschalten und sich in Gedanken verlieren, wie etwa: *Warum bin ich ärgerlich? Ich sollte wirklich lernen, weniger nachtragend zu sein. Warum ist sie so schwierig? Das hat er mit Absicht gemacht* – und so weiter. Wir sind wahre Meister in dieser Art des Denkens, doch fast nie bringt es wirklich etwas. Wenn dieser Diskurs einsetzt, lassen Sie ihn bewusst los und kehren Sie zu der Übung zurück, Ihre Gefühle wahrzunehmen: *Das ist Wut. So nehme ich Wut in meinem Körper wahr.*

Sie versuchen damit nicht, Ihre Emotionen zu unterdrücken. Sie fördern vielmehr Ihre Fähigkeit, sie klarer zu erkennen und zu fühlen, sodass Sie sich selbst besser verstehen und bewusst statt mit Konditionierungen auf ein aufsteigendes Gefühl reagieren können. Emotionen sind ein wichtiger Teil unserer selbst und der Art, wie wir den Umständen unseres Lebens begegnen. In Kapitel 12 werden wir die Rolle von Emotionen im Kontext von Leadership noch näher beleuchten.

Die Meditation mit Gedanken und Gefühlen in die tägliche Praxis integrieren

Machen Sie die Meditation mit Gedanken und Gefühlen zu einem Teil Ihrer täglichen Praxis, indem Sie sie mit den anderen Übungen kombinieren. Zum Beispiel können Sie eine Sitzung mit einigen Minuten Atempraxis beginnen und dann, wenn Ihr Geist stabil und konzentriert ist, für die verbleibende Zeit die Aufmerksamkeit auf Gedanken oder Gefühle lenken. Sie können die Übungen auch abwechselnd durchführen und zum Beispiel morgens zehn Minuten mit dem Atem und abends zehn Minuten mit Gedanken und Gefühlen praktizieren. Sie können zudem anfangen, Ihre Übungszeit um je fünf oder zehn Minuten pro Sitzung zu verlängern. Diese zusätzliche Zeit ist oft hilfreich, um sich des Prozesses des Denkens bewusster zu werden und die enorme Vielfalt an Emotionen, zu denen Sie in der Lage sind, zu erleben.

Kapitel 10

Über den Umgang mit Zeit: Dringendes von Wichtigem unterscheiden

Deine Handlungen haben eine Auswirkung,
und du musst dich entscheiden, was du bewirken willst.

JANE GOODALL

Es fühlt sich an, als befände ich mich die ganze Zeit in einem inneren Kampf. Es gibt in meinem Leben und in meiner Arbeit Aspekte, von denen ich weiß, dass sie wichtig sind, aber sie scheinen fast immer von Dringlichkeiten verdrängt zu werden. Das Problem ist, dass das Dringende für gewöhnlich gar nicht so wichtig ist, es schreit einfach nur lauter."

Als Carey einer Gruppe Kollegen von seiner Frustration erzählte, nickten viele zustimmend. Ich fragte ihn, was denn in seinen Augen zu dieser Situation geführt habe. Nach einer kurzen Pause sagte er: „Ich schätze, die Zeit rinnt mir einfach durch die Finger."

Wie kann uns die Zeit „einfach durch die Finger rinnen"? Indem wir die Verantwortung und die Entscheidung darüber abgeben, wie wir sie verbringen. Wir sehen einfach dabei zu, wie sich unser Kalender mit Terminen füllt, doppelt und dreifach, nehmen es hin und zucken mit den Schultern: „So ist das eben." Aber muss es auch so sein?

Nehmen Sie zum Beispiel jeden Besprechungstermin an, in der Annahme, die Tatsache Ihrer Einladung bedeute, dass jemand Ihre

Anwesenheit für unabdingbar hält? Sie könnten stattdessen eine bewusste Entscheidung fällen. Hinterfragen Sie diese Annahme selbst dann nicht, wenn Sie stundenlang in einem Treffen sitzen, bloß um festzustellen, dass es wenig bis gar nichts mit Ihrem Wissens- oder Aufgabengebiet zu tun hat?

Manchmal füllen sich unsere Tage mit „dringenden“ Terminen, weil es uns schwerfällt, loszulassen und Verantwortung an unsere Mitarbeiter oder eine andere Abteilung zu delegieren. Wir überzeugen uns selbst, dass unsere Kompetenz und unsere Erfahrung gebraucht werden, damit das für alle Beteiligten effizienteste und effektivste Resultat erzielt wird. Auch wenn Erfahrung natürlich etwas sehr Wertvolles ist, so ist die Welt heute doch eine ganz andere als noch vor wenigen Jahren, und ein frischer und unvoreingenommener Blick bringt andere Vorteile mit sich. Um unseren Mitmenschen den Freiraum zur Weiterentwicklung zu geben, müssen wir loslassen und sie selbst lernen und ausprobieren lassen. Können wir die Disziplin entwickeln, uns einen Moment Zeit zu nehmen, um zu entscheiden, ob wir wirklich persönlich anwesend sein müssen oder ob wir die Sache den anderen anvertrauen und sie als Coach oder Berater darin unterstützen?

Manchmal ist es auch anderer Leute Verständnis des Begriffs „dringend“, das den Tagesplan durcheinanderbringt. Vor vielen Jahren arbeitete ich für Nabisco und hatte einen Termin mit Miguel, einem leitenden Wissenschaftler in einem strategischen Projekt, an dem wir gemeinsam arbeiteten. Irgendwann unterbrach Jon, ein junger Angestellter, unsere Unterhaltung, weil er dringend eine Unterschrift von Miguel brauchte. Jon, der immer wieder Termine verpasste oder nur äußerst knapp einhielt, bedauerte, uns zu unterbrechen, aber war sich doch sicher, dass Miguel und ich Verständnis haben würden. Immerhin war es *sehr dringend.* Miguel allerdings war mit Jons ständigen Dringlichkeiten bereits vertraut. Er entschied, dass es an der Zeit sei, ihn zu konfrontieren. Er schaute ihm geradewegs in die Augen und sagte: „Ihr Unvermögen, zu planen, ist für mich kein Notfall. Bitte vereinbaren Sie einen Termin.“

Ich habe noch oft an diesen Satz und an Miguels Entschlossenheit gedacht. Nicht nur gab er dem Projekt Vorrang, das auch für das Unternehmen Priorität hatte, er erteilte zudem jemandem in einem entscheidenden Stadium seiner beruflichen Entwicklung eine wichtige Lektion. Allzu oft werden wir von den Notfällen anderer Menschen mitgerissen. Dabei lehren wir sie vielleicht sogar unbeabsichtigt, dass es in Ordnung ist, uns mitzureißen. Das trifft insbesondere auf viele Menschen in der Dienstleistungsbranche zu. Man ist stolz darauf, immer verfügbar zu sein, jederzeit bereit, mit anzupacken. Das ist eine großartige Einstellung, aber in dem Bemühen um außergewöhnliche Leistungen boykottieren wir unsere Fähigkeit, uns den wahren Prioritäten des Unternehmens zuzuwenden, und lassen außerdem die ganze Zeit zu, dass die mangelnde Planung anderer zu unseren Notfällen wird. Teamgeist ist gut, ebenso der Wille, alles stehen und liegen zu lassen, wenn es wirklich dringend ist. Wenn Sie aber feststellen, dass die meisten Tage mit „Krisen“ angefüllt sind, um die Sie sich sofort kümmern müssen, ist es an der Zeit, anzuhalten und sich zu fragen, ob die eine oder andere Veränderung angebracht ist.

Ein überfüllter Kalender kann auch das Resultat der Geschichten sein, die wir uns selbst erzählen. So werden wir beispielsweise Opfer unseres Verstandes, der uns zu jeder Besprechung drängt, um ja nichts zu verpassen, was der Karriere dienen könnte, und um zudem nicht die Chance auszulassen, uns bei unseren Vorgesetzten blicken zu lassen. Wir erfinden Geschichten, dass unser Fehlen auffallen oder man uns als nicht besonders engagiert betrachten wird, wenn wir nicht hingehen. Vielleicht sind diese Geschichten wahr, aber vielleicht sind es auch Märchen, die unserer Angst entspringen.

Aus welchen Gründen auch immer, die meisten Tage verbringen wir nicht mit den Dingen, die am wichtigsten sind, auch wenn wir sie die ganze Zeit im Hinterkopf haben. Während wir zu den dringenden Angelegenheiten eilen, spüren wir doch die Notwendigkeit, uns dem Wichtigen zuzuwenden. So schleppen wir das Gewicht eines inneren Konflikts mit uns herum.

Für viele Menschen ist genau dieser Konflikt die Quelle der Einsicht, dass wir, obwohl wir nach rastlosen Tagen jeden Abend erschöpft ins Bett fallen, uns nicht auf das Wichtigste konzentriert haben: den Strategieplan, den innovativen Durchbruch, den Mitarbeiter, der Unterstützung und Beratung benötigt, unser persönliches Leben und nicht zuletzt auch unser eigenes Wohlergehen. Wir blicken auf einen mit Terminen vollgepackten Tag und auf die lange Liste unserer Verantwortlichkeiten, und etwas, so scheint es, läuft schief. Wir müssen herausfinden, wie wir unsere Zeit effektiv gestalten können und sie nicht „zwischen den Fingern zerrinnen" lassen, wie Carey es nannte.

In diesem Sinne ist es von großem Wert, den eigenen Tagesablauf einmal genauer unter die Lupe zu nehmen.

Forschung zur Tagesgestaltung

Wenn man ein neues Trainingsprogramm in die Tat umsetzt, möchte man natürlich wissen, was es bewirkt. Wir fragten uns, ob sich Effekte des Mindful-Leadership-Trainings am Arbeitsplatz nachweisen lassen würden. Mithilfe einiger Verhaltensforscher entwickelten wir einen Fragebogen mit neunzehn Fragen und verteilten ihn an 72 Angestellte aus allen Unternehmensebenen, die sich für den Mindful-Leadership- und Wellness-Kurs unseres Instituts angemeldet hatten. Zwei Wochen vor Beginn und zwei Wochen nach Ende des Kurses beantworteten sie den Fragebogen. Er enthielt Aussagen über Erfahrungen bei der Arbeit, die von den Teilnehmern auf einer sechsstufigen Skala, die von *fast immer* bis *fast nie* reichte (siehe unten), eingeschätzt werden sollten. Ihre Antworten liefern uns nicht nur Informationen über die Effekte des Trainings, sondern erzählen auch einiges über die Realität des Arbeitslebens in der heutigen Welt sowie über die Auswirkungen des inneren Kampfes zwischen Dringendem und Wichtigem.

„An den meisten Tagen kann ich mir Zeit nehmen, um in meiner Arbeit Prioritäten festzulegen."

Einschätzung	**vor dem Kurs in %**	**nach dem Kurs in %**
1 – fast immer	6	12
2 – sehr oft	14	42
3 – ziemlich oft	28	30
4 – ziemlich selten	28	11
5 – sehr selten	19	4
6 – nie	6	0

Es mag kaum überraschen, dass nur ein sehr kleiner Prozentsatz der Angestellten ihre Aufgaben regelmäßig priorisieren. Obwohl bekannt ist, wie hilfreich es sein kann, Prioritäten zu erstellen, um Platz für Wichtiges zu schaffen, tun die meisten das nicht. Vielleicht weil die Geschwindigkeit in unserem mehr als durchgeplanten Leben so hoch ist, dass es unmöglich erscheint, sich Zeit dafür zu nehmen. Oder, weil wir glauben, wenn wir einfach weiterrennen, werden wir irgendwann aufholen und Zeit für alles haben. Wie soll das funktionieren?

In der ersten Tabelle lässt sich auch der geradezu dramatische Unterschied nach nur sieben Wochen Mindful-Leadership-Training erkennen. Das Umfeld der Angestellten hat sich nicht verändert. Dennoch ist die Zahl von zwanzig Prozent der Angestellten, die sich vor dem Kurs „fast immer" oder „sehr oft" Zeit zum Priorisieren ihrer Arbeit genommen haben, auf fünfundfünfzig Prozent nach dem Kurs angestiegen. Dabei ist anzumerken, dass das Curriculum des Kurses eine Kalenderübung beinhaltet, bei der das Mindful-Leadership-Training auf die Tagesplanung angewendet wird. Diese Übung, die später in diesem Kapitel noch beschrieben wird, unterstützt dabei, sorgfältiger darauf zu achten, wie man seinen Tag verbringt. Der erste wichtige Schritt jedoch ist, die Annahme zu hinterfragen, keine Zeit für das Erstellen von Prioritäten zu haben.

„An den meisten Tagen kann ich mir Zeit nehmen, um einige Aufgaben oder Termine zu streichen, die nur wenig produktiven Wert haben.“

Einschätzung	**vor dem Kurs in %**	**nach dem Kurs in %**
1 – fast immer	3	13
2 – sehr oft	6	30
3 – ziemlich oft	39	38
4 – ziemlich selten	26	15
5 – sehr selten	22	4
6 – nie	4	0

Die Wichtigkeit von Produktivität wird heutzutage in der Geschäftswelt nachdrücklicher betont als je zuvor. Durch den globalen Wettbewerb entsteht die Notwendigkeit, jede Sekunde klug zu nutzen. Dennoch gaben auf unserem Fragebogen nur neun Prozent der Angestellten an, sich „fast immer“ oder „sehr oft“ Zeit zu nehmen, um Treffen oder Aufgaben zu streichen, die von begrenztem produktiven Wert sind – und das, obwohl es sich bei den Befragten um Mitarbeiter eines Unternehmens handelt, das durchweg als eines der besten gilt. Die meisten wissen, dass sie wertvolle Zeit vergeuden, aber sie entscheiden sich nicht bewusst dafür, an Besprechungen nicht teilzunehmen oder Aufgaben nicht zu erledigen, selbst wenn es bessere, effizientere Arbeitsweisen gibt.

Es stimmt natürlich, dass man nicht immer den Luxus hat, Nein zu einem Treffen oder einer Anfrage zu sagen. Aber wenn Sie einen ehrlichen Blick auf Ihren Tag werfen, stimmt es dann auch, dass Sie nichts verändern oder zumindest vorschlagen können, um die Verschwendung zu begrenzen? Wenn Sie den Status quo infrage stellen und einen bedachten Vorschlag machen, der allen Beteiligten mehr freie Zeit ermöglicht, wird meiner Erfahrung nach Ihre Anregung große Dankbarkeit erfahren.

Sich ein paar Minuten Zeit zu nehmen, um nach Alternativen zu Sitzungen und Aufgaben mit geringem Wert zu suchen, wäre lohnenswert und rentabel. Es würde die Zeit mehr als wettmachen, die es dauert, sich den Tagesablauf einmal kritisch anzuschauen und einige bewusste Entscheidungen und kreative Vorschläge einzubringen. Oder? Bevor Sie entscheiden, dass das nicht funktionieren wird, schauen Sie sich die Zahlen in der Tabelle an. Nach nur sieben Wochen waren die neun Prozent, die Zeitverschwendungen bereits reduzierten, auf dreiundvierzig Prozent angestiegen. Und, ebenso wichtig, verringerten sich die sechsundzwanzig Prozent, die mit „sehr selten" oder „nie" antworteten, auf lediglich vier Prozent.

„Ich kann an Sitzungen, Telefonkonferenzen und Präsentationen mit voller Aufmerksamkeit teilnehmen."

Einschätzung	vor dem Kurs in %	nach dem Kurs in %
1 – fast immer	6	13
2 – sehr oft	25	62
3 – ziemlich oft	42	21
4 – ziemlich selten	21	4
5 – sehr selten	6	0
6 – nie	1	0

Wie erleben wir eigentlich die Sitzungen und Telefonate, die unseren Kalender anfüllen? Wir stellen fest, dass wir nicht sehr aufmerksam sind. Tatsächlich glaubten nur einunddreißig Prozent der befragten Angestellten, dass sie in Besprechungen die meiste Zeit vollständig aufmerksam sein konnten (die ersten beiden Zeilen der Tabelle). Für die anderen schien es eher Glückssache zu sein. Uns wird klar, dass unser Geist die ganze Zeit von etwas mitgerissen wird, auch dann, wenn wir versuchen, jemandem in einer Besprechung oder bei einem Telefonat aufmerksam zuzuhören. Stellen Sie sich mal den Gewinn an Produktivität vor, wenn jeder, der in einer Konferenz sitzt, auch *wirklich anwesend* wäre. *Das ist möglich.* Tatsächlich konnte durch die Schulung in achtsamer Kommunikation in relativ kurzer Zeit die Zustimmung zu den ersten beiden Aussagen von einunddreißig auf fünfundsiebzig gesteigert werden.

„Ich bin in der Lage, zu bemerken, wenn meine Aufmerksamkeit abgedriftet ist, und kann sie wieder in die Gegenwart zurücklenken."

Einschätzung	**vor dem Kurs in %**	**nach dem Kurs in %**
1 – fast immer	6	26
2 – sehr oft	25	51
3 – ziemlich oft	50	23
4 – ziemlich selten	11	0
5 – sehr selten	8	0
6 – nie	1	0

Wodurch hat sich die Fähigkeit, aufmerksam zu bleiben, während man sich in Sitzungen, am Telefon oder am Computer befindet, so drastisch verbessert? Die oben stehende Tabelle gibt Hinweise darauf und reflektiert den Einfluss des grundlegenden Mindful-Leadership-Trainings auf die Konzentrationsfähigkeit. Die Teilnehmer bemerkten, wenn sie abgelenkt waren, und konnten ihre Aufmerksamkeit wieder in den gegenwärtigen Moment zurückführen. Die Vorher-nachher-Antworten in den beiden oberen Zeilen bezüglich dieser Frage sind nahezu identisch mit denen auf die vorangegangene Frage. Die tägliche Übung, unsere Aufmerksamkeit zurückzugeleiten, wenn sie von den Atemempfindungen abdriftet, lässt uns auch wacher dafür werden, wenn der Geist in anderen Situationen nicht mehr präsent ist, und wir können uns wieder auf die gegenwärtige Situation einlassen. Die Fähigkeit, die Aufmerksamkeit zu fokussieren und den Fokus wieder aufzunehmen, wenn wir in Gedanken waren, hilft uns, unser ganzes Leben gegenwärtiger zu leben.

„Ich habe den Eindruck, automatisch zu funktionieren, ohne mir wirklich bewusst zu sein, was ich tue."

Einschätzung	**vor dem Kurs in %**	**nach dem Kurs in %**
1 – fast immer	6	0
2 – sehr oft	29	8
3 – ziemlich oft	22	11
4 – ziemlich selten	28	53
5 – sehr selten	11	25
6 – nie	4	4

Die Antworten auf diese Frage sind die wohl diejenigen, die am meisten offenbaren und zugleich am meisten Anlass zu Besorgnis geben. Man hat das Gefühl, dass die Zeit einem nur so durch die Finger rinnt, wie Carey es formulierte, und als die zweiundsiebzig Befragten innehielten, um darüber nachzudenken, glaubte mehr als ein Drittel, die meiste Zeit etwas zu tun, ohne sich dessen „wirklich bewusst" zu sein.

Lieber Himmel! Ist es da ein Wunder, dass wir von Dringlichkeiten dirigiert werden und nicht lange genug anhalten, um uns sorgsam um die wichtigen Dinge zu kümmern? Stellen Sie sich einmal vor, welchen Einfluss das auf unsere Kreativität, unsere Klarheit und unser Mitgefühl hat. Wir müssen einen Weg finden, um unsere Zeit dem zu widmen, was wir wichtig finden.

Wenden wir uns also einer Reflexion zu, die Sie unterstützen kann, sich Ihren Kalender zurückzuerobern und die Absicht umzusetzen, sich den wichtigen Belangen zu widmen, statt Dringlichem hinterherzujagen.

Kalenderreflexion

Diese Reflexion beinhaltet nochmals Meditationstechniken, in der Körperempfindungen, Gedanken und Gefühle als Aufmerksamkeitsobjekte verwendet werden. Sie brauchen zudem eine geschriebene oder gedruckte Kopie eines typischen Tages aus Ihrem Kalender.

1. Nehmen Sie eine bequeme Sitzhaltung ein. Lassen Sie Ihren Körper zur Ruhe kommen und sich getragen fühlen. Bringen Sie, während Sie gleich anfangen zu lesen, Ihre Aufmerksamkeit zu Ihren Körperempfindungen, einschließlich der Atemempfindungen. Seien Sie gewahr, wenn Ihr Geist mitgerissen wird oder abdriftet, und lenken Sie Ihre Aufmerksamkeit zurück zum Körper. Üben Sie einige Minuten mit körperlichen Empfindungen als dem Objekt der Aufmerksamkeit.
2. Fangen Sie nun an, langsam die Seite aus Ihrem Kalender durchzulesen, so als ob Sie sie noch nie zuvor gesehen hätten, einen Eintrag nach dem anderen, und seien Sie dabei sehr achtsam gegenüber den auftauchenden Körperempfindungen sowie den damit einhergehenden Gedanken und Gefühlen. Nehmen Sie eine Haltung der Offenheit und Neugierde gegenüber Ihrem Erleben ein. Schauen Sie, ob Ihr Verstand sich in Problemlösungen oder Bewertungen bezüglich der Termine im Kalender verstrickt, und lassen Sie dies bewusst los. Kehren Sie dazu zurück, langsam die Termine und Aufgaben auf der Seite durchzulesen.
3. Haben Sie Empfindungen, Gedanken und Gefühle, die Ihnen vertraut sind? Was wissen Sie über sie? Es kann hilfreich sein, aufzuschreiben, was Sie während dieser Reflexion erlebt haben. Versuchen Sie, diese Reflexion während einer gezielten Pause für einige Wochen jeden Morgen durchzuführen. Verändert sich das, was Sie aufschreiben? Bleibt es gleich?

Die Kalenderreflexion ist eine Möglichkeit, etwas über sich selbst und die persönliche Tagesgestaltung zu erfahren. Die Sprache des Körpers enthüllt oft Subtiles über Ihr Verhältnis zu bestimmten Terminen und auch zum Tagesablauf im Allgemeinen. Spannte sich Ihr Nacken an, als Sie den Termin für die wöchentliche Besprechung sahen? Oder überkam Sie ein flaues Gefühl im Magen beim Anblick jenes Termins? Vielleicht wurde Ihnen auch eng im Brustraum, als Sie Ihre kilometerlange Liste von Aufgaben zusätzlich zu Ihrem eng getakteten Kalender anschauten.

Oder, ein häufiges Phänomen, Sie wurden von einem Gefühl der Müdigkeit überwältigt. Wenn Sie innehalten und sich der Intensität und Geschwindigkeit Ihres Tages bewusst werden, kann allein das Durchlesen der Vielzahl an Terminen eine heftige Welle der Erschöpfung auslösen.

Was möchte Ihr Körper Ihnen sagen? Seien Sie neugierig. Fangen Sie an, den Status quo infrage zu stellen. Vielleicht glauben Sie, dass es keine Alternative zu einem Kalender gibt, in dem sich ein Termin an den anderen reiht und keine Zeit ist, um Prioritäten zu setzen oder sich den wichtigen Dingen auf Ihrer Aufgabenliste zuzuwenden. Ist denn unser Tagesablauf, den oft andere Leute für uns bestimmen, in Stein gemeißelt?

Indem Sie diese Übung durchführen, können Sie bewusster auswählen. Wie nutzen Sie Ihre Zeit am besten? Warum gehen Sie zu so vielen Sitzungen? Treffen sich eigentlich die richtigen Menschen in den richtigen Besprechungen? Und: Wann am Tag haben Sie Zeit für sich selbst?

Hier sind ein paar Beobachtungen von Menschen in Führungspositionen bezüglich ihres Kalenders, nachdem sie die oben stehende Reflexion in Retreats oder Workshops des Instituts gemacht haben:

Es gibt so viele Sitzungen, weil ich in einer so wettbewerbsorientierten Kultur arbeite. Man muss irgendwie ständig sichtbar sein, um ganz vorne dabei zu bleiben.

Ich arbeite in einer Kultur, in der jeder alles wissen muss. Ich frage mich warum.

Mein Kalender ist voller Treffen, an denen noch zwei oder drei andere Mitglieder meiner Abteilung teilnehmen, weil die Matrixorganisation ineffizient ist und es an Vertrauen mangelt.

Ich erkläre mich mit Besprechungen einverstanden, einfach deshalb, weil ich immer noch in den Detailfragen feststecke, obwohl ich mich eigentlich mehr um die Strategiepläne kümmern müsste.

Mein Unternehmen glaubt einfach an Treffen vor den Treffen, und davor sogar noch Treffen auf den Fluren!

Mein Kalender ist so voll, dass mir keine Zeit zum Mittagessen bleibt. Kein Wunder, dass ich jeden Nachmittag Kopfschmerzen habe.

Fünfzigtausend Mitarbeiter können einen Termin in meinen Kalender setzen, nur einer nicht – ich!

Die wirklich wichtigen Dinge stehen nie in meinem Kalender. Das stimmt sowohl für die Arbeit als auch privat!

Ich stecke mitten in einem sehr wichtigen Projekt und heute gibt es etwa vier Besprechungen, aber keine einzige davon wird das Projekt voranbringen.

Ich muss den Gedanken loslassen, dass meine Karriere davon abhängt, zu jedem Treffen zu erscheinen.

Die Kalenderreflexion wirft einige Fragen auf. Zum Beispiel die, wie man in seinem Team Raum zur Weiterentwicklung schaffen kann. Oder wie viel Innovation schlicht durch Zeitmangel verhindert wird. Und wie viele reflexhafte Handlungen ausgeführt werden, einfach nur, um etwas endlich von der To-do-Liste streichen zu können. Diese und ähnliche Überlegungen haben ihren Ausgangspunkt in dem schlichten Akt, jeden Tag mit Absicht ein paar Momente innezuhalten. Nehmen Sie Ihre Körperempfindungen zu Hilfe, während Sie sorgfältig die Informationen in Ihrem Kalender auf sich wirken lassen, und fragen Sie sich dann ganz ehrlich: Muss ich etwas ändern, um heute produktiver zu sein? Oder strategischer? Mitfühlender?

Empfinden Sie, während Sie Ihren Kalender durchsehen, Frustration, Angst oder Wut? Fragen Sie sich, ob Sie an den Prioritäten des Tages etwas ändern müssen, um diesen Gefühlen mit mehr Klarheit, Kreativität und Mitgefühl zu begegnen. Taucht der Gedanke „Ich kann sowieso nichts daran ändern" auf? Stimmt das?

Wenn Sie diese Form der gezielten Pause zu einem Bestandteil Ihrer persönlichen Erkundungen zum Thema Mindful Leadership machen, mag der Tag kommen, an dem Sie ganz gelassen auf Ihren Kalender schauen. Was ist an diesem Tag anders? Ist es ein Tag, der völlig im Einklang mit Ihren Führungsprinzipien steht? Ist es ein Tag, der Sie daran erinnert, dass wir alle miteinander verbunden sind, an dem Sie sich vielleicht für das Wohl anderer engagieren? Gibt es darin einen Zeitraum, der ganz etwas gewidmet ist, was Sie leidenschaftlich gern machen, etwas, das der eigentliche Beweggrund ist für die Arbeit, die Sie tun? Können Sie sich den wichtigen Dingen zuwenden? Gibt es etwas, was Sie tun können, um solche Tage öfter zu erleben?

Rosalyn, Marketingdirektorin in einem großen, erfolgreichen Unternehmen, verglich zwei aufeinanderfolgende Tage miteinander. Beide waren in ähnlicher Weise angefüllt mit Besprechungen und Telefonaten. Der einzige Unterschied bestand darin, dass der zweite Tag eine halbe Stunde später anfing, weil sie sich die Zeit genommen hatte, ihren kleinen Sohn zu seinem ersten Tag im Kindergarten zu begleiten.

Zunächst war Rosalyn verwirrt über die Unterschiede, die sie in ihrem Körper wahrgenommen hatte, als sie sich die beiden Tage anschaute. Die Sitzungen am ersten Tag riefen auf der Stelle Spannung in ihrem Nacken und eine Kaskade von Gedanken an einzuhaltende Termine hervor. Der zweite Tag fühlte sich ganz anders an, sie spürte Leichtigkeit. Als sie über ihre Erfahrung nachdachte, kam sie schließlich auf folgende Erklärung:

> Als ich die Zeit in meinem Kalender frei hielt, um meinen Sohn zum Kindergarten zu bringen, dachte ich eigentlich, ich täte es für ihn. Er würde wollen, dass ich dabei bin und ihm helfe, in den Bus zu steigen, und ihm dann winke. Das stimmt auch alles. Aber er ist mein jüngstes Kind, mein Baby, und mir wird jetzt klar, dass ich die Zeit nicht für ihn frei gehalten habe, sondern für mich. Und ich kann mich nicht erinnern, wann ich das letzte Mal etwas in meinen Kalender geschrieben habe, das für mich war.

Rosalyn entdeckte, wie unwahrscheinlich kraftspendend es ist, sich Zeit für sich selbst einzuräumen, und wie sehr es unseren ganzen Tag beeinflusst. Sich Zeit für sich selbst zu nehmen ist keineswegs egoistisch. Wollen wir etwas tun, das uns nährt, und uns wirklich um unsere Bedürfnisse kümmern, ist es oft nötig, es *in den Kalender einzutragen*, weil, und das ahnen Sie bereits, es sonst nicht stattfinden wird.

Bewusst zu wählen, was wir uns auf die Agenda setzen, erfordert Disziplin und ein klares Commitment, aber es muss auch nicht alles auf einmal geschehen. Bereits eine kleine Veränderung kann dafür sorgen, dass sich Ihr Tag schon viel entspannter anfühlt und Sie den Raum haben, um an den wichtigen Belangen zu arbeiten. Machen Sie einfach den ersten Schritt. Bestimmen Sie am Ende der täglichen Reflexion eine Sache in Ihrem Kalender, die Sie ändern möchten, um mehr Platz für Wichtiges zu schaffen. Oder wählen Sie eine Anregung oder eine bewährte Methode zur Reduktion von Terminen und Aufgaben aus, und schlagen Sie sie Ihren Kollegen vor. Stellen Sie sich einmal vor, wie willkommen Ihnen ein solcher Vorschlag wäre, der Ihnen mehr freie Zeit verschafft!

Diese Reflexion am Tagesanfang dauert nur wenige Minuten, hat aber das Potenzial, den entscheidenden Unterschied zwischen Autopilot-Leadership und Führungsexzellenz auszumachen.

TEIL 3

Ihr Potenzial als Führungskraft verwirklichen

Kapitel 11

Wie Sie durch Inspiration statt durch Erwartungen führen

*Wenn Ihre Handlungen andere dazu inspirieren,
mehr zu träumen, mehr zu lernen, mehr zu tun
und mehr zu werden, dann führen Sie.*

JOHN QUINCY ADAMS

Wie inspiriert man Leute, deren Job es ist, eine Schachtel Frühstücksflocken oder Backmischungen herzustellen? Es sind doch sowieso nur zwei von Hunderten ähnlicher Produkte im Supermarktregal. Gibt es eine Möglichkeit, die vielen Menschen zu inspirieren, die an diesen Produkten auf dem Weg von einer Wagenladung Getreide bis in ihre Vorratskammer beteiligt sind? Und warum sollte das überhaupt wichtig sein? Reicht es denn nicht, den Angestellten die jährlichen Zahlen mitzuteilen, die erreicht werden müssen, damit man seine Anstellung behält und jedes Jahr eine Gehaltserhöhung oder eine Bonuszahlung bekommt? Mit anderen Worten: Reicht es, Leistungserwartungen zu formulieren?

Bringt Inspiration überhaupt etwas?

Allerdings. Menschen blühen auf, wenn sie inspiriert sind, nicht, wenn etwas von ihnen erwartet wird. Erwartungen beziehen sich vor allem auf Messbares. Sie sind schwarz-weiß. Man schafft es, oder eben nicht. Inspiration bringt das authentische Selbst ins Spiel, ebenso wie individuelle

Werte und Prinzipien, in Wertschätzung unseres Menschseins, das uns allen gemeinsam ist. Mindful-Leadership-Training kann uns helfen, die tiefere Inspiration, die uns antreibt, zu entdecken und hervorzulocken, und wiederum andere mit unserer Begeisterung zu inspirieren.

Inspirierendes Leadership ist jeden Tag aufs Neue wichtig, und ganz besonders unter schwierigen Umständen. Was ermöglicht Ihnen, auch in harten Zeiten in Kontakt mit Ihrer Inspiration zu sein? In Zeiten, in denen die Menschen verunsichert sind und bei Ihnen Orientierung suchen? Kann Engagement für das Gemeinwohl eine Quelle der Inspiration sein? In diesem Kapitel werden wir uns diesen Fragen zuwenden und einige Beispiele für inspirierendes Leadership betrachten.

Ein schöneres Leben für Kinder – und für ihre Eltern

Für die Führungskräfte, die für Chex Cerealien und Betty Crocker Backmischungen verantwortlich waren, kam die Inspiration in Form von emotionsgeladenen Briefen und Blog Posts mit der Bitte, diese Produkte auch glutenfrei auf den Markt zu bringen. Zum größten Teil wurden diese Briefe von Eltern verfasst. Kinder mit Glutenintoleranz können Produkte, die bestimmtes Getreide enthalten, nicht essen, sodass die meisten erhältlichen Cerealien für sie wegfallen. Genauso ist es mit vielen Leckereien für Kinder, wie Kekse und Geburtstagskuchen. Können Sie sich vorstellen, wie es ist, ein siebenjähriges Kind zu sein, dass nicht wie alle anderen Geburtstagskuchen essen darf oder zu besonderen Gelegenheiten nicht Muffins oder Brownies in die Schule mitbringen kann?

Eine kleine Gruppe von Angestellten begann, sich mit den Anfragen und dem potenziellen Markt für eine neue Produktlinie zu befassen. Es waren Menschen, die die Briefe berührt hatten und die den Eltern helfen wollten, das Stigma des Andersseins, das ihre Kinder verspürten, zu verringern. Sie wollten herausfinden, ob sie etwas tun konnten. Sie erdachten ein schlüssiges Szenario und stellten die erste glutenfreie Produktlinie des Unternehmens vor, Chex Cereals. Die Reaktion der an dem neuen

Produkt beteiligten Mitarbeiter war unglaublich positiv, weniger, weil es sich um das erfolgreichste Produkt der Firma handelte, sondern weil es eine besondere Bedeutung für die Konsumenten hatte.

Eine Mutter erzählte in einem Brief an das Unternehmen von ihrem Neunjährigen, der beim Anblick der Schachtel Chex Cereals auf dem Frühstückstisch dachte, diese sei für seine Schwester. Seine Mutter füllte ihm eine Schüssel, doch er mochte es noch immer nicht glauben. Als die Mutter ihm bestätigte, dass sie für ihn sei und sagte „Genau wie für alle anderen Kinder", strahlte er übers ganze Gesicht. Dieser und viele andere ähnliche Briefe wurden zum Gesprächsstoff in den Fluren und Konferenzräumen von General Mills. Einen entscheidenden Beitrag im alltäglichen Leben anderer Menschen zu leisten verlieh der Arbeit eine besondere Bedeutung. Die Mitarbeiter, die sich für diese Produkte und die vielen, die noch folgen sollten, einsetzten – neben Chex gab es bald auch glutenfreie Desserts von Betty Crocker –, inspirierten alle, die daran mitarbeiteten.

Man muss wissen, was von einem am Arbeitsplatz erwartet wird, und auch, welche Ziele erreicht werden müssen, um das Unternehmen am Laufen zu halten. Zum Beispiel, was das Unternehmen finanziell und bezüglich der Verkaufszahlen erreichen muss. Aber wenn man ein Unternehmen mit wirklich engagierten Mitarbeitern anstrebt, ist das nicht genug. Hier kommt die Inspiration ins Spiel. Stehen nicht auch Sie morgens viel lieber auf, wenn Sie sich inspiriert fühlen? Und wenn es darum geht, sich für die Firma besonders ins Zeug zu legen, ist da nicht das Bild des kleinen Jungen, der am Frühstückstisch sitzt oder seinen ersten Schokoladen-Geburtstagskuchen isst, viel motivierender als eine Zahl in einer Tabelle, die den Umsatz zu Jahresende angibt? Wir sind inspiriert, weil wir uns mit den Mühen der Eltern identifizieren können. Vielleicht haben wir Ähnliches in unseren eigenen Familien oder im Freundeskreis erlebt. Wir fühlen uns gut, wenn wir das Leben eines kleinen Jungen ein wenig schöner machen können. In diesem Beispiel kam die Inspiration aus einem höheren Zweck, den das Team in seiner Arbeit gefunden hatte; ein Zweck, der weit über die Umsatzzahlen für den Investorenbericht hinausging.

Natürlich ist nicht jeder Teil eines Unternehmens, das soziale Dienstleistungen anbietet oder Produkte für Kinder herstellt. Welche anderen Möglichkeiten, seine Angestellten zu inspirieren, gibt es also? Was würde Sie in Ihrer täglichen Arbeit inspirieren? Anstatt nun sofort eine Liste anzufertigen von den Dingen, an die Sie jetzt denken, versuchen Sie es doch mit einer gezielten Pause, um über Inspiration nachzudenken.

Reflexion über Inspiration

Finden Sie eine bequeme Sitzhaltung und platzieren Sie die Füße flach auf dem Boden, die Hände auf dem Schoß. Schließen Sie sanft die Augen und beginnen Sie die Übung, indem Sie Ihren Atem und andere Körperempfindungen wahrnehmen. Wenn Körper und Geist zur Ruhe gekommen sind, stellen Sie sich die folgenden Fragen:

Wann habe ich mich das letzte Mal inspiriert gefühlt, in irgendeiner Weise einen Beitrag zu leisten? Was an jenem Projekt hat mich dazu inspiriert, mich für seine Durchführung oder seinen Erfolg einzusetzen?

Wie fühle ich mich jetzt gerade, während ich daran denke?

Denken Sie daran, dass Sie bei einer Reflexionsübung die ersten ein oder zwei auftauchenden Antworten ruhig erst einmal beiseitelegen und die Frage nochmals wiederholen können. Bleiben Sie offen und neugierig. Bleiben Sie dicht an den Empfindungen, die auftauchen, während Sie sich die Fragen stellen, insbesondere, wenn Sie darüber nachdenken, wie Sie sich jetzt gerade fühlen, während Sie sich erinnern.

Lassen Sie sich Zeit. Kehren Sie zur Atempraxis zurück, wenn Sie merken, dass Sie bewerten oder analysieren. Wenn der Geist konzentrierter ist, wiederholen Sie die Fragen noch einmal und schauen Sie, was auftaucht.

Bei manchen Menschen ist es sehr lange her, seit sie sich von etwas oder jemandem inspiriert gefühlt haben. Beschränken Sie sich nicht auf die Arbeit, wenn Sie sich diese Situationen ins Gedächtnis rufen. Vielleicht hat Sie ein gemeinschaftliches oder ehrenamtliches Projekt inspiriert. Oder etwas, das Sie gelesen oder gehört haben, inspirierte Sie zu einem persönlichen Vorhaben.

Wenn Sie soweit sind, öffnen Sie die Augen und nehmen Sie sich etwas Zeit, um Ihre Antworten aufzuschreiben. Das Schreiben ist oft hilfreich, um die Wörter und Sätze, die bei einer Reflexion auftauchen, zu klären und zu vertiefen. Während Sie Ihre Liste betrachten, fragen Sie sich selbst: Was inspiriert mich? Ist es Teil meiner jetzigen Arbeit? Ist Inspiration Teil meines Führungsstils?

Persönliche Inspiration ist ansteckend. Die Menschen um uns herum spüren es. Und wenn wir lediglich für die nächste Gehaltszahlung arbeiten, spürt man das ebenfalls. Falls Sie sich nicht mehr inspiriert fühlen – was fehlt? Hat die Reflexion Einsichten hervorgebracht, die Sie zu einer neuen Arbeitsweise verleiten, einer, die jene Inspiration in Ihnen selbst und anderen entfacht?

Diese Reflexion braucht möglicherweise etwas Zeit, bis sie sich entfaltet. Kommen Sie alle paar Tage darauf zurück, wenn Ihnen das nützlich erscheint. Es ist nicht notwendig, dass Sie sofort eine Antwort finden. Vielleicht fallen Ihnen während der folgenden Tage Gelegenheiten auf, etwas an dem *Was* und *Wie* Ihrer Arbeit so zu verändern, dass die Flamme der Inspiration sich wieder entzündet.

Inspiration inmitten der Krise

In den Wochen, die auf den Angriff auf die Vereinigten Staaten am 11. September 2001 folgten, waren alle Augen auf New York City und den amtierenden Bürgermeister Rudy Giuliani gerichtet. In seinem Buch *Leadership* erzählt Giuliani, dass er von seinem Vater gelernt habe, wie wichtig es sei, auch in schweren Zeiten da zu bleiben. Sein Vater lehrte ihn, dass wahre Größe darin bestehe, präsent zu sein, wenn andere Menschen Schmerz erleiden, und brachte es prägnant auf den Punkt: „An Hochzeiten kann man teilnehmen, zu Beerdigungen muss man gehen."

In seiner Rolle als Bürgermeister setzte Giuliani das um, was sein Vater ihm beigebracht hatte. Er machte es sich zum Grundsatz, der Beerdigung jedes Einzelnen, der während eines Diensteinsatzes in New York City zu Tode gekommen war, beizuwohnen. Nach dem Attentat auf das World Trade Center machte die große Anzahl von Feuerwehrmännern und Polizeibeamten, die ums Leben kamen, es logistisch unmöglich, diesem Grundsatz treu zu bleiben. In den Tagen und Wochen nach dem Attentat gab es etliche kritische Angelegenheiten, um die sich der Bürgermeister kümmern musste: Sicherheitsbedrohungen, Umweltfragen und die Angst, die die ganze Stadt im Griff hatte. Es wäre mehr als verständlich gewesen, wenn er unter diesen Umständen von seinem Grundsatz abgesehen hätte, und tatsächlich drängten ihn auch viele Mitglieder seines Teams dazu.

Stattdessen rief der Bürgermeister seine Mitarbeiter zusammen und teilte ihnen mit, dass auch unter diesen Umständen entweder er selbst oder jemand aus seiner Verwaltung an jeder einzelnen Beerdigung eines Angestellten der Stadt teilnehmen würde, der im Dienst gestorben war. Er wies die betreffenden Mitarbeiter an, nicht bloß beizuwohnen, sondern auch mit der Familie zu sprechen und „Präsenz spüren zu lassen, um den Hinterbliebenen der Opfer Trost zu spenden". Es war von höchster Bedeutsamkeit, den Einsatz der Opfer anzuerkennen und zu würdigen.

Giulianis Entscheidung war inspirierend. Können Sie sich vorstellen, welchen Einfluss sie auf sein Team hatte? Würden wir nicht alle gern mit jemandem arbeiten, der unseren Bemühungen so viel Wertschätzung und

Respekt entgegenbringt und seine Mitarbeiter an erste Stelle setzt? Gibt es etwas Inspirierenderes? In seiner Führungsrolle als Bürgermeister gab Giuliani dem Bedürfnis nach Präsenz und Trost höchste Priorität. Sogar als die Zeiten rauer wurden, als man es sich je hätte vorstellen können, wich er nicht davon ab. Die Menschen waren wichtig. Sie standen an erster Stelle. Können Sie in Ihrer eigenen Führungsrolle Wege finden, diejenigen um Sie herum durch einfache Gesten oder ehrliche Gespräche zu inspirieren, die Wertschätzung und Respekt für jede einzelne Person ausdrücken? In Anbetracht der zuweilen beträchtlichen Herausforderungen des Lebens präsent zu bleiben, inspiriert die Menschen, ihr Bestes zu geben.

Gemeinnützige Projekte als Quelle der Inspiration

Ein gemeinnütziges Projekt ist eine der effektivsten Möglichkeiten, wie ein Unternehmen seine Mitarbeiter inspirieren kann. Wenn sich das Unternehmen für das Gemeinwohl einsetzt, sind die Angestellten meist sehr stolz darauf. Das gemeinsame Ziel, etwas in der Welt zum Besseren zu wenden, führt zu mehr Verbundenheit untereinander.

Ein eindrückliches Beispiel finden wir in dem karitativen Projekt der Baumarktkette Home Depot zur Unterstützung von heimkehrenden Veteranen. In seinem Leitbild ist das Engagement des Unternehmens und seiner Angestellten für das Wohl der Allgemeinheit beschrieben:

> Die Home Depot Foundation verpflichtet sich, sicherzustellen, dass jeder Veteran einen sicheren Ort hat, den er Zuhause nennen kann – nicht nur durch finanzielle Unterstützung, sondern auch durch die besondere Aufmerksamkeit und den praktischen Service unserer Mitarbeiter in den Filialen.

Die Firma wendete in drei Jahren fünfzig Millionen Dollar für gemeinnützige Wohnprojekte auf. Das allein wäre sicher schon inspirierend für viele Mitarbeiter gewesen, doch das Programm enthielt ein weiteres

Element, das für noch mehr Begeisterung sorgen konnte. Die Angestellten wurden direkt in das Projekt eingebunden, indem sie eingeladen waren, jedes Jahr im Rahmen des „Celebration of Service"-Programms ehrenamtlich ihre Dienste zur Verfügung zu stellen. Mitarbeiter aus allen Teilen des Landes meldeten sich. Das Ergebnis war, dass 2011, im ersten Jahr des Programms, mehr als vierhundert Wohnprojekte für Veteranen von Home-Depot-Mitarbeitern fertiggestellt wurden. Das Programm wird in Zusammenarbeit mit lokalen Non-Profit-Organisationen, die die Heimkehrenden unterstützen, weitergeführt. Wer wäre nicht stolz, einer Mitarbeiterschaft anzugehören, die nicht nur zum Erfolg des Unternehmens, sondern auch so entscheidend zum Gemeinwohl beiträgt? Lassen Sie sich dazu inspirieren, sich mit anderen darüber auszutauschen, wie man gemeinsam etwas bewirken kann.

Der Umfang des Projekts ist dabei nicht wichtig, falls Sie sich das jetzt fragen sollten. Ob es sich nun um fünfzig Millionen oder fünfhundert Millionen Dollar handelt – die praktische Arbeit der Angestellten ist wahrscheinlich viel inspirierender als ein großer Scheck. Geld kann es einfacher machen, die Dinge ins Rollen zu bringen, aber was die Herzen der Menschen berührt und ihnen in Bezug auf ihre Arbeit und ihr Umfeld ein gutes Gefühl vermittelt, ist das Gefühl der Verbundenheit. Und die Tatsache, daran mitzuwirken, dass die Welt zumindest ein klein wenig besser wird.

Künstliche Inspiration

Inspiration muss authentisch sein, das ist ganz besonders wichtig und darf nicht in Vergessenheit geraten. Wenn das Unternehmen behauptet, das ehrenamtliche Engagement seiner Mitarbeiter zu fördern, aber deren Bemühungen nicht tatsächlich unterstützt und anerkennt, werden die unguten Gefühle, die dieses Lippenbekenntnis auslöst, sich rächen. Am Ende ist die Arbeitsatmosphäre schlechter, als wenn man einfach gar nichts unternommen hätte. Nur weniges ist demotivierender als künstliche

Inspiration. Wenn Sie es also mit einem gemeinnützigen Projekt versuchen wollen, stellen Sie sicher, dass Sie ausreichend finanzielle Unterstützung und freie Zeit haben, um das Projekt durchzuführen, und finden Sie angemessene Kommunikationsstrukturen, um alle auf dem Laufenden zu halten. Vielleicht werden dann auch Sie feststellen, wie viel Sie schon mit wenig bewirken können, wenn es darum geht, Ihre Mitarbeiter für gemeinnütziges Engagement zu begeistern.

Ein anderes Beispiel für unauthentische Inspiration sind leere Worte der Führungsebene bezüglich der finanziellen Lage und der Zukunftspläne des Unternehmens. Diane, Vizepräsidentin für Finanzen in einer großen Firma für medizinische Geräte, erlebte die Auswirkung von gekünstelter Inspiration am eigenen Leib.

> Es war ein chaotisches Jahr gewesen, angefangen damit, dass unsere Firma einen sehr großen Konkurrenten übernommen hatte. Während die beiden Unternehmen zusammengeführt wurden, war die Ablenkung so groß, dass unsere Verkaufszahlen fielen und wir weniger innovativ waren. Wir wussten, dass wir die Quartalsprognosen nicht erreichen würden. Der Aktienkurs war etwas gesunken, und die Menschen fingen an, die Richtung, die wir eingeschlagen hatten, infrage zu stellen. Unser Präsident berief ein Treffen ein, um die Situation mit der Leitungsebene zu besprechen. Wir sahen seinen Worten nervös entgegen, und als er sich vor uns hinstellte, erstarben schlagartig alle Geräusche im Raum. Es war eine Art flimmernder Energie im Raum, während wir darauf warteten, seine Einschätzung und seine Pläne zum weiteren Vorgehen zu hören.
>
> Er war sehr gut aufgelegt und lächelte von einem Ohr zum anderen, als er über die „kleinen Turbulenzen", die wir erlebten, sprach, und dass wir zweifellos den richtigen Plan hatten, um die Zahlen im nächsten Quartal zu erreichen. Alles, was wir seinen Worten nach tun mussten, war, „die Strategie umzusetzen".
>
> Das war alles. Keine Einzelheiten. Keine Einblicke. Keine Fragen.
>
> Es war, als ob die Luft aus dem Raum gesogen worden wäre, man konnte die Menschen buchstäblich auf ihren Stühlen zusammensacken sehen. Das

geschönte Bild der Situation, in dem noch nicht einmal die besonderen Herausforderungen anerkannt wurden, inspirierte uns nicht. Stattdessen fühlten wir uns ausgeschlossen und nicht respektiert. Wir waren erfahrene Geschäftsleute und wir wussten, dass wir mehr als „kleine Turbulenzen" durchmachten. Diese Art von gutem Zuspruch richtet mehr Schaden an, als sie nützt. Wir verließen den Raum mit sogar noch größeren Sorgen bezüglich der Zukunft der Firma. Manche kehrten in ihr Büro zurück und zogen schnurstracks ihren Lebenslauf aus der Schublade, um ihn zu entstauben.

Vielleicht dachte der Präsident von Dianes Firma, seine Aufgabe sei die eines Cheerleaders. Stimmungsmache am Arbeitsplatz ist in Bezug auf Inspiration ein sogenannter „naher Feind". So nennt man etwas, das dem, was wir anstreben, sehr ähnlich sieht, aber tatsächlich fast das Gegenteil ist. Zum Beispiel ist der nahe Feind von echter Empathie, jemanden zu bemitleiden und so dem anderen seine Handlungsfähigkeit abzusprechen. Cheerleading und aufmunternde Worte sind die nahen Feinde wahrer Inspiration.

Die Cheerleader in Unternehmen haben meist etwas Roboterhaftes an sich. Sie bleiben einfach bei ihrem positiven Gerede, ganz egal, wie ernst die Dinge stehen. Sie wiederholen Floskeln und versuchen, mit beschwichtigenden Worten die Mitarbeiter aufzubauen. Die Realität ist, dass jene Stimmungsmacher selten einen positiven Einfluss haben, sondern, wie wir an Dianes Beispiel gesehen haben, ziemlich oft sogar einen schädigenden Effekt. Inspiration beginnt mit Aufrichtigkeit und Offenheit.

Die Begrenztheit von Erwartungen

Etwas, womit wir exzellenter Führung ebenfalls im Wege stehen, ist Management durch Erwartungen anstatt Führung durch Inspiration. Wenn wir Exzellenz wollen, ist unsere primäre Verantwortlichkeit, die Menschen um uns herum zu inspirieren. Wenn ein kompetenter Mitarbeiter wirklich motiviert ist und die übergeordneten Ziele kennt, ist

Mikromanagement überflüssig. Tatsächlich wird gerade dadurch oft verhindert, dass Individuen und Teams ihr volles Potenzial erreichen. Innovation wird so im Keim erstickt. Wenn man zu viele Vorgaben macht, kann dadurch ausgerechnet die Entwicklung von selbstständigem Denken und Experimentieren behindert werden, die das Unternehmen so gut gebrauchen könnte, um eingefahrene Erwartungen zu überwinden und sich positiv abzuheben.

Natalie war die angesehene Direktorin einer großen Elektronikfirma. Sie hatte sehr schnell Karriere gemacht und erfolgreich einige der hartnäckigsten Probleme des Unternehmens gelöst. Sie leitete ein großartiges Team von Profis und genoss ihre Rolle als Problemlöserin. Eines Morgens rief sie ihr Team zusammen und informierte es über ein Qualitätsproblem, das gerade bei einem Lieferanten aus Übersee aufgetreten war. Sie bemerkte, wie sie sich bereits die Schritte in Erinnerung rief, die vor fünf Jahren in einer ähnlichen Situation unternommen worden waren. Dieses Mal allerdings entschied sie sich für eine andere Vorgehensweise. Sie hatte sich bereits zuvor gefragt, ob sie nicht manchmal die Weiterentwicklung ihres Teams und vielleicht der ganzen Firma einschränkte, wenn sie im Umgang mit aktuellen Problemen ihre Erfahrungen aus der Vergangenheit einbrachte.

Anstatt also ihrem Team den Anspruch zu vermitteln, dass das Qualitätsdefizit in einer von ihr diktierten Weise zu lösen sei, übergab sie die Angelegenheit ihren Kollegen und hörte zu, welche Ideen aufkamen. In sehr kurzer Zeit hatten sie eine Lösung ausfindig gemacht, die völlig anders war als diejenige, an die sie aufgrund ihrer Erfahrung gedacht hatte. Sie strahlte, als sie mir erzählte, dass sie „einen schnelleren, effizienteren Umgang mit dem Problem fanden und obendrein noch eine neue Sicherheitsmaßnahme entwickelten, um Qualitätsdefiziten in Zukunft vorzubeugen“. Natalies bereits bewährtes Vorgehen hätte vermutlich auch in diesem Fall funktioniert – aber das Problem zu benennen und sich dann erst einmal ruhig zu verhalten, brachte ihr letztlich eine bessere Lösung und ein gestärktes Team ein.

Sicherlich gibt es Umstände, unter denen es angebracht ist, auf der Basis unserer Erfahrung Erwartungen zu formulieren. Wir können es uns nicht leisten, für jedes Projekt und jede Entscheidung das Rad neu zu erfinden. Auf der anderen Seite besteht die Gefahr, dass wir, wenn wir Erwartungen formulieren und genaue Vorgaben bezüglich der Details machen, Innovationen verhindern und schließlich irgendwann ein Unternehmen voller teilnahmsloser Angestellter vorfinden.

Eigene Erwartungen bestätigen

Erwartungen können die klare Sicht auf die Dinge verstellen. Wenn wir ein bestimmtes Ergebnis erwarten, suchen wir oft nur nach Informationen, die es bestätigen, und übersehen dabei, was sich tatsächlich zeigt. In einer von mir geleiteten Trainingssitzung gab Lewis, der in der Verbraucherforschung arbeitete, ein eindrückliches Beispiel dieses Prinzips.

Wir befassten uns gerade mit achtsamer Kommunikation und damit, festzustellen, wenn der Geist abgelenkt ist und nicht wirklich aufnimmt, was der Partner sagt. Lewis war besonders berührt von der Erfahrung, offen zuzuhören, ohne Erwartungen an das Gesagte zu haben. „Unsere Arbeit wäre so viel genauer", sagte er zu mir, „wenn wir diese Praxis in Fokus-Gruppen-Beobachtungen oder Konsumenteninterviews anwenden würden. Stattdessen sitzen wir hinter Einwegspiegeln und warten darauf, dass einer der Verbraucher das sagt, was wir von ihm erwarten. Zehn andere mögen komplett Gegenteiliges gesagt haben, aber der Kunde oder der Manager erwarten, dass ihre Annahmen bestätigt werden, also warten wir, bis jemand das sagt, was wir hören wollen."

Lewis mag zwar ein klein wenig übertrieben haben, aber denken Sie einmal daran, wie oft Sie *tatsächlich* Erwartungen an einen Termin, eine Konferenz oder ein Gespräch herantragen. Ich habe auf jeden Fall festgestellt, dass ich von vornherein das begrenze, was ich in einem Gespräch erfahre und lerne, wenn ich mit bestimmten Erwartungen hineingehe. Neuartige Ideen und außergewöhnliche Erfolge werden sehr leicht durch das Abhaken einer Liste von Erwartungen geschmälert, und echte Kommunikation findet nicht statt, wenn man nur auf die Worte hört, die man erwartet.

Inspiration erfordert Führungspräsenz. Sie müssen erkennen, was sich hier und jetzt abspielt, anstatt Ihre Erwartungen zu projizieren. Das bedeutet, auch Misserfolge anzuerkennen und als Erfahrungen zu betrachten. Hilfreich ist die Bereitschaft, das Vorgehen loszulassen, das man das letzte Mal angewendet hat oder von dem man „weiß", dass es funktionieren wird. Man braucht den Mut, sich für die unvorhersehbaren Resultate der Zusammenarbeit mit anderen zu öffnen und den Weitblick zu erkennen, wenn das Bemühen um Effizienz und die Formulierung von Erwartungen die Entwicklung der Kollegen hemmt und ihr Potenzial daran hindert, neue und bessere Wege zu finden.

Hier ist eine ausgewogene Balance wichtig. Sie müssen eine klare Richtung vorgeben und sicherstellen, dass alle gut genug informiert sind, damit sie sich effektiv in ihre Arbeit vertiefen können. Inspirieren Sie Ihre Mitarbeiter und lassen Sie zu, dass sie gemeinsam ihren Horizont erweitern. Wenn Sie hingegen auf Autopilot geschaltet haben und von Termin zu Termin hetzen, werden Sie sehr viel wahrscheinlicher die Dinge per Checkliste managen und, ohne es zu beabsichtigen, Ihre Mitarbeiter so behandeln, als wären sie lediglich dazu da, Ihre Aufträge entgegenzunehmen. Dann leiten Sie Ihr Team mit Routine statt mit Exzellenz.

Die folgende Übung können Sie zu Beginn jedes Tages durchführen, um die Balance immer wieder aufs Neue auszuloten.

Gezielte Pause: Erwartungen loslassen

Diese Variante der gezielten Pause baut auf der Kalenderübung in Kapitel 10 auf und lädt Sie dazu ein, den Gedanken und Gefühlen Aufmerksamkeit zu schenken, die möglicherweise aufkommen, wenn Sie sich für einige Momente dem Inhalt Ihrer heutigen Termine zuwenden.

Öffnen Sie zu Beginn des Arbeitstages Ihren Kalender und lesen Sie sich langsam die heutigen Termine durch. Spüren Sie Ihre Füße, wie sie mit dem Boden in Kontakt sind, und die Atemempfindungen in Ihrem Körper, während Sie sich die folgende Frage stellen:

Was könnte ich entdecken, wenn ich in meine Besprechungen ginge ohne irgendwelche Erwartungen darüber, wie das Problem gelöst oder das Projekt durchgeführt werden sollte, und stattdessen die Absicht hätte, sorgsam zuzuhören und mich für das zu öffnen, was kommen mag?

Fragen Sie sich dies in Bezug auf jeden einzelnen Termin in Ihrem Kalender. Beobachten Sie achtsam die Empfindungen in Ihrem Körper, die Gedanken und Gefühle, die aufkommen, während sich Antworten formen. Vielleicht bemerken Sie Unbehagen bei der Idee, davon abzulassen, die Führung in Gesprächen zu übernehmen. Woher kommt das Unbehagen – aus früheren Erfahrungen oder aus Ihrer Vorstellung? Oder vielleicht bemerken Sie, wie Gedanken entstehen, die Sie vor einem bevorstehenden Desaster warnen, wenn Sie den anderen nicht sagen, was als Nächstes zu tun ist. Entsprechen diese Gedanken der Wahrheit?

Während Sie zu einem Termin gehen oder sich in Ihrem Büro darauf vorbereiten, nehmen Sie sich ein wenig Zeit, um sich an Ihre Intention für diese gezielte Pause zu erinnern – wenn Sie möchten, indem Sie die Atempfindungen oder das Spüren Ihrer Füße im Kontakt mit dem Boden als Erinnerung verwenden, tief zuzuhören, sich zu öffnen und Erwartungen loszulassen. Nehmen Sie es wahr, falls während einer Besprechung der Drang in Ihnen aufkommt, ins Gespräch einzugreifen und die Richtung anzugeben, und fragen Sie sich dann, ob dies gerade das optimale Vorgehen ist. Was passiert, wenn Sie noch etwas länger schweigen?

Falls Sie sich dazu entscheiden, noch etwas zu schweigen: Wie fühlt sich das in Ihrem Körper an? Tauchen Gefühle auf? Welche Gedanken kommen Ihnen? Was sagen sie Ihnen darüber, wie sehr Sie sich auf diese Besprechung einlassen?

Diese Haltung in einer Besprechung einzunehmen löst oft Erstaunen bei den Kollegen aus, so berichten viele Führungskräfte. Anstatt sich direkt auf die Ebene von Planung und Ausführung zu begeben und Zuständigkeiten und Aufgaben zuzuteilen, öffnen sie sich neuen Möglichkeiten. Was würde in Ihrem Team passieren, wenn sie zu Anfang des nächsten neuen Projekts Ihre Erwartungen losließen, und zum Beispiel die erste Sitzung dazu nutzen würden, zu Kreativität zu ermutigen? Wenn Sie keine typische Besprechung ankündigen, bei der Sie dann die Rahmenbedingungen des Projekts bestimmen und dann Verantwortlichkeiten aufteilen, sondern dazu einladen, gemeinsam das optimale weitere Vorgehen zu bestimmen, und vorschlagen, dass jeder sich im Vorhinein einige Gedanken dazu machen und seine besten Vorschläge einbringen soll?

Möglich, dass Ihre Sitzungen sich von einer oberflächlichen Weitergabe von Informationen und Fälligkeitsterminen in einen dynamischen Austausch von Ideen und Verantwortlichkeiten verwandeln. Sehr bald stellen Sie vielleicht fest, dass eine solche Arbeitsatmosphäre ein Nährboden für originelle Ansätze und kreative Lösungen ist.

Oder was, wenn Sie die Erwartungen loslassen, die Sie bezüglich einer Beziehung haben, die in der Vergangenheit schwierig war? Wenn Sie etwas Raum um das herum schaffen, von dem Sie „wissen“, dass es passieren wird. Könnten Sie dann in der Lage sein, die Beziehung zu verändern, und sei es nur ein klein wenig?

In ihrer Autobiografie *Madam Secretary* skizziert die ehemalige Außenministerin Madeleine Albright ein wunderbares Beispiel von der Kraft, die dem Loslassen von Erwartungen innewohnt. Sie übernahm als erste Frau die Leitung des Außenministeriums und engagierte sich für den Aufbau einer überparteilichen Außenpolitik, was um so bedeutsamer war, als die demokratische Regierung sich damals die Macht mit dem mehrheitlich republikanischen Kongress teilte. Sie brauchte die Unterstützung der Republikaner für viele ihrer vorrangigen Anliegen, einschließlich der Beteiligung am Chemiewaffenübereinkommen (CWC). Die Kluft zwischen den beiden Parteien war in der Vergangenheit groß gewesen, und die meisten erwarteten von ihr keine nennenswerten Fortschritte.

Sich über historisch geprägte Erwartungen hinwegsetzend, versuchte sie, mit einflussreichen Republikanern in Kontakt zu kommen, indem sie in deren Heimatstaaten reiste und persönlich in Erscheinung trat. Eine dieser Reisen führte sie zu Senator Jesse Helms in North Carolina, von dem sie befürchtete, er könne das Votum zum CWC blockieren. In North Carolina angekommen, überreichte sie Helms ein Nachthemd mit der Aufschrift „Jemand im Außenministerium liebt dich." Während der gemeinsamen Zeit bauten Sie eine Verbindung zueinander auf, und als Albright schließlich abreiste, sagte Helms zu, dass er das Votum nicht blockieren würde.

Schlossen die beiden enge Freundschaft? Wahrscheinlich nicht. Aber von der Erwartung loszulassen, dass sie nie einen gemeinsamen Standpunkt finden oder der Politik ihrer jeweiligen Parteien so eng verbunden sein würden, dass es keinen Raum für eigenständiges Denken gäbe, ermöglichte einen überraschenden Ausgang.

Kapitel 12

Mehr als nur Fakten: Die Bedeutung von Gefühlen

Ich habe erfahren, dass die Menschen vergessen werden, was du gesagt hast, vergessen werden was du getan hast, niemals aber werden sie vergessen, welches Gefühl du ihnen vermittelt hast.

MAYA ANGELOU

Wären wir in der Lage, unsere Gefühle einfach abzuschalten, so fänden viele Menschen das sicher sehr praktisch. Bei der Arbeit und in anderen Lebensbereichen wurden wir vielfach darauf getrimmt, unsere Gefühle zu „kontrollieren" und ihre wichtige Funktion zu leugnen. Wir lernen, bereits den Anflug eines Gefühls, das wir als negativ bewerten – Angst, Wut, Traurigkeit oder Verunsicherung –, zu leugnen oder wegzuschieben. Wenn die Dinge sich nicht so entwickeln, wie wir es geplant haben, oder jemand uns verletzt, sind wir darauf trainiert, die dadurch ausgelösten Gefühle in Kisten zu packen, ein fröhliches Gesicht aufzusetzen und einfach weiterzumachen. Oder wir lernen, uns von diesen Gefühlen abzulenken, indem wir trinken, essen, einkaufen, exzessiv Sport treiben oder uns überarbeiten. Wir lernen, die professionellen Masken der Geschäftswelt zu tragen. Auf diese Weise schneiden wir uns von einem wichtigen Teil unserer selbst ab und lassen uns Tag für Tag nur unter Vorbehalt auf die Welt ein. Wir ignorieren zudem eine wichtige

Quelle der Information über uns selbst, die von großer Bedeutung zum Verständnis und für die volle Entwicklung unseres Führungspotenzials ist.

Als junge Anwältin in einer großen Wall-Street-Kanzlei vernahm ich die Aufforderung, „keine Gefühle" zu zeigen, auf jeden Fall laut und deutlich. Gefühle unter Kontrolle zu halten und sich niemals als emotionales Wesen zu zeigen war eine verbindliche Erwartung, besonders gegenüber Frauen. Wenn ich nicht lernen würde, meine Emotionen zurückzuhalten, würde ich nicht als vertrauenswürdige Beraterin anerkannt werden. Beratung musste rein auf Fakten und Erfahrungen basieren. Gefühle hatten keinen Platz in den Überlegungen und würden es nur erschweren, optimale Entscheidungen zu treffen. So oder so ähnlich wurde es mir beigebracht …

Je erfahrener ich als Anwältin wurde und meine Klienten in zunehmend komplexeren Fragestellungen beriet, desto mehr erlebte ich jedoch, dass die Kombination meiner professionellen Expertise und meines emotionalen Engagements es mir ermöglichte, die bestmögliche Beratung anzubieten. Aber es brauchte viele Jahre und einige Übung, diese frühen Lektionen über das Heraushalten von Emotionen aus meiner Arbeit wieder zu verlernen. Zwar enthält auch diese Botschaft ein Körnchen Wahrheit, die es anzuerkennen gilt. Im Allgemeinen ist es nicht ratsam, Entscheidungen zu treffen, wenn unser Geisteszustand von starken Gefühlen beherrscht wird. Aber der Versuch, unsere Gefühle wegzusperren, ist schlicht vergeblich.

Mit den Methoden des Mindful Leadership lernen Sie, Ihre Gefühle zu erkennen und es wahrzunehmen, wenn ein Gefühl eine Reaktion auslöst. Dadurch trainieren Sie Ihren Geist, aufmerksam zu sein, und entwickeln den inneren Raum, um bewusste Entscheidungen zu treffen. Die ohnehin vergeblichen Bemühungen, Ihre Gefühle zu unterdrücken, können Sie getrost aufgeben. Und Sie können Ihr Repertoire an Möglichkeiten erweitern, wie Sie mit Ihren Gefühlen, selbst mit den als negativ bewerteten, umgehen.

Nun, wie?

Mit der Meditation zu Gedanken und Gefühlen in Kapitel 9 können Sie sich weiter in das Erfahren und Beobachten von emotionalen Inhalten vertiefen. Wenn Sie zum Beispiel ein Gefühl als Ärger identifizieren, könnten Sie feststellen, dass Sie nicht der Ärger sind. Auch müssen Sie nicht dahin gehen, wohin der Ärger Sie mitnehmen möchte.

Sie können die körperlichen Empfindungen erleben, die mit Ärger einhergehen, Sie können entsprechende Gedanken bemerken, aber Sie müssen nichts mit dem Ärger tun! Wenden Sie sich ihm einfach zu, bezeugen Sie seine Anwesenheit und fühlen Sie ihn im Körper. Vielleicht erleben Sie es als große Erleichterung, das mühevolle Leugnen und Verdrängen sein zu lassen.

Sie brauchen sich nicht davor zu fürchten, das anzuerkennen, was ohnehin da ist. Wenn Sie anfangen, sich beispielsweise für den Ärger zu interessieren, gewinnen Sie Einsichten darin, welche Rolle Ärger bislang in Ihrem Leben gespielt hat. Mit diesem Wissen sehen Sie dann vielleicht auch Wege, etwas zu verändern und geduldiger oder freundlicher zu sein. Der nächste Schritt ist dann, diese Übung in die tatsächlichen Entscheidungen in Ihrem Leben zu integrieren.

Robin war eine hart arbeitende Ärztin, bei der vor Kurzem Unfruchtbarkeit diagnostiziert worden war. Sie gehörte einer großen Familie an, deren Mitglieder sich sehr nahestanden. Eine ihrer Schwestern hatte drei Töchter, die andere war gerade schwanger. Während eines Mindful-Leadership-Retreats begannen Robins Gefühle, an die Oberfläche zu drängen.

> Mir wurde klar, dass ich Wut fühlte, Eifersucht, Traurigkeit und Verzweiflung. Ich wollte, dass das alles wegginge. Ich weinte. Ich erkannte langsam, dass ich eine lange Zeit hart gearbeitet und mein Leben mit Patienten, Ausschüssen und Unterricht angefüllt hatte. Dennoch fühlte es sich nicht an, als sei das genug. Meine Reaktion auf meine Emotionen war, noch mehr Dinge auf meine Liste zu setzen. Je mehr ich mich gestresst fühlte, desto mehr Sport machte ich und redete mir selbst ein, mir damit etwas Gutes zu tun. Erst als ich anfing, meine Schutzmauern abzutragen und mich meinen wahren Gefühlen zu öffnen, konnte ich mich mit ihnen anfreunden und

> von ihnen lernen. Dadurch hörten sie langsam auf, mein Leben so fest im Griff zu haben. Es war in Ordnung, meine Wut und meine Traurigkeit zu spüren, wenn sie auftauchten, und ich konnte mich trotzdem noch über die Schwangerschaft meiner Schwester freuen. Das schloss sich gegenseitig nicht aus. Mir selbst zu erlauben, meine Gefühle zu spüren, machte es weniger wahrscheinlich, dass ich mich auf ungesunde Weise ablenkte. Die Meditation erlaubte mir zu erkennen, dass ich letztlich mein eigenes Leiden selbst erschuf, indem ich in diesem Modus des kontinuierlichen Strebens blieb, im Bemühen, mich von meinem eigenen Schmerz abzulenken. Ich erkannte, dass ich eine Wahl hatte.

Robin erschöpfte sich selbst mit ihren Ablenkungen und erfuhr, dass sie ihr nicht nützten. Erst als sie sich erlaubte, ihre Gefühle wahrzunehmen, konnte sie langsam klarer sehen, was in ihrem Leben vor sich ging. Sie konnte sehen, wie sie sich die Freude daran, Tante zu sein, verweigerte, und sie fing an, mehr Mitgefühl mit sich selbst zu entwickeln, was eine sehr heilsame Wirkung entfaltete. Aus diesem friedlichen Blickwinkel konnte Robin neu darüber entscheiden, wie sie ihr Leben leben wollte.

Es sind nicht nur die negativen Emotionen, die unsere Aufmerksamkeit erfordern. Uns wurde gleichermaßen beigebracht, an positiven Gefühlen vorbeizurauschen. Kaum, dass wir einmal innehalten und die Momente wahrnehmen, die uns Freude machen oder ein Gefühl der Zufriedenheit geben. Wir sind oft so beschäftigt damit, uns auf das nächste Ziel zuzubewegen, dass wir es nicht schaffen, die Freude oder Zufriedenheit über das gerade Erreichte zu erleben.

Wenn es uns es nicht gelingt, Zufriedenheit oder Freude wahrzunehmen, hat dies einen weit über uns hinaus reichenden Einfluss. Es betrifft auch unsere Kollegen. Wenn wir uns beispielsweise nicht die Zeit nehmen, um die Früchte der harten Arbeit angemessen zu würdigen, fördern wir eine Kultur, in der ein knappes „Wir haben es geschafft" als Anerkennung ausreicht. Warum sollten wir uns die gemeinsame Erfahrung versagen, uns angesichts getaner Arbeit gut zu fühlen?

In ähnlicher Weise gewöhnen wir uns so daran, in einem Zustand ununterbrochener geteilter Aufmerksamkeit zu sein, dass wir die Momente, die wir als erfreulich oder als glücksspendend erleben könnten, kaum registrieren: das Lächeln des Kindes, der warme, volle Geschmack von Kaffee oder die funkelnden Sterne am nächtlichen Himmel.

Gefühle machen uns menschlich. Sie machen uns zu mehr als berechnenden Maschinen. Sie erlauben uns, uns verbunden zu fühlen, mit uns selbst, den Menschen um uns herum und der Welt im Großen und Ganzen. Sie leiten unsere Entscheidungen, und oft sind sie die Quelle unserer Weisheit, wenn es keine weiteren Daten zu sammeln gibt, niemanden, den man noch um Rat fragen könnte und wenn es keine klare Antwort gibt.

Wenn die häufigste Botschaft, die wir in Bezug auf unsere Emotionen erhalten, die ist, dass wir lernen sollten, sie zu unterdrücken, und wenn wir keine Pausen machen, um die großartigen Momente im Leben zu genießen, entfalten wir diesen reichen Aspekt unseres Menschseins nicht.

Die Meditationspraxis mit Gefühlen, wie in Kapitel 9 beschrieben, kann Ihnen dabei helfen, Ihre Gefühle einfach als Teil Ihrer momentanen Erfahrung zu erleben, sodass Sie nicht das Bedürfnis verspüren, sie wegzuschieben oder zu verändern. Wie Ihnen vielleicht schon aufgefallen ist, haben Sie einen großartigen Verbündeten bei dem Abenteuer, Ihre Gefühle wahrzunehmen und besser zu verstehen, wie sie unter anderem Ihren Führungsstil beeinflussen: Ihren Körper.

Sie spüren Gefühle im Körper, lange bevor Sie sie kognitiv einordnen können.

Wenn Sie körperliche Empfindungen bemerken, wie Wärme im Gesicht, einen zusammengebissenen Kiefer, Schmetterlinge im Bauch oder Verspannung im Nacken, können Sie diese Informationen dazu nutzen, Ihre Gefühle zu erkennen, und zwar in jedem beliebigen Moment. Das ist der erste und wichtigste Schritt bei der Entwicklung einer offenen, akzeptierenden und interessierten Beziehung zu Ihren Gefühlen. Sie fangen an, sie als lebendige Teile Ihrer selbst zu erkennen. Wenn Sie mit den Empfindungen, die mit starken Gefühlen einhergehen, vertrauter werden, können Sie lernen, diese Empfindungen als eine Art Frühwarnsystem zu nutzen. Diese Übung kann sehr bereichernd, zu Beginn allerdings auch ziemlich herausfordernd sein, wie Mark, ein erfahrener Ingenieur, mir eindrücklich schilderte.

> Ich hatte den Kontakt zu mir selbst verloren und kämpfte damit, überhaupt irgendwelche Körperempfindungen wahrzunehmen, die mit meinen Gefühlen zu tun hatten. Es war entmutigend, mich selbst auf so ungesunde Weise auf meine Gefühle reagieren zu sehen. Etwa vier Wochen zuvor war ich bei einer Besprechung, die völlig daneben ging. Während die Dinge ihren Lauf nahmen, fühlte ich eine Enge in meiner Brust. Endlich kriegte ich etwas mit! Ich fühlte mich wütend und ich weiß, dass ich dann sarkastisch werden kann, was der Situation eigentlich nie zugutekommt. Ich brachte meine volle Aufmerksamkeit zum Atem in meiner Brust, bis die Enge sich auflöste und ich entspannter war. Ich konnte mich dann viel leichter auf die Situation einlassen und, wie ich glaube, auch effektiver.

Wenn man eine Meditationspraxis entwickelt, die einen für emotionale Inhalte sensibilisiert, wird man auch damit vertrauter, wie Gefühle Handlungen beeinflussen. Als Resultat davon, die Gefühle weniger zu unterdrücken und sich Zeit zu nehmen, sie klarer zu erkennen, fängt man an, den Einfluss der Gefühle auf das Verhalten zu entdecken. Vielleicht stellen Sie fest, dass Sie, direkt, nachdem Sie ein Flattern im Bauch gespürt haben, sehr reizbar werden. Und vielleicht werden Sie dann gewahr, dass das Flattern auftritt, wenn Sie sich über eine Situation im Unklaren sind und dieses Gefühl der Verunsicherung zu der Reizbarkeit führt. Wenn Sie das nächste Mal das Flattern bemerken, können Sie dann spüren, wie Ihre Reizbarkeit ansteigt, und eine klügere Wahl treffen, bevor Sie explodieren?

Schritt für Schritt können wir auf diese Weise mehr darüber in Erfahrung bringen, wer wir sind und wie wir uns verhalten. Indem wir uns dem öffnen, was ist, und aufhören, unsere Energie damit zu verschleudern, wegzuschieben oder zu leugnen, was wir fühlen, finden wir ein Stück inneren Raum, in dem wir gezielt den nächsten Schritt tun können. Wir reagieren dann zunehmend stimmiger auf die Geschehnisse und Umstände unseres Lebens.

Die Rolle von Gefühlen im Kontakt mit anderen

Vielleicht denken Sie, dass Ihre Gefühle keinen Einfluss auf Ihre Handlungen haben. Oder, dass sie nur dann Ihre Handlungen beeinflussen, wenn Sie so aufgebracht sind, dass Sie kontaktunfähig sind und nichts anderes wollen, als allein an einem stillen Ort zu sein, bis Sie sich beruhigt haben.

Denken Sie noch einmal darüber nach.

Nehmen Sie einen typischen Tag. Im Terminstress und die Liste der heutigen Verpflichtungen überfliegend hetzen Sie von einem Treffen zum nächsten, bis Sie sich irgendwann am späteren Nachmittag in einer Sitzung wiederfinden, die nicht besonders gut läuft. Sie gehen zurück in Ihr Büro, verstimmt und in Begleitung einer wahren Kaskade von Selbsturteilen und ärgerlichen Gedanken. Als Sie auf Ihren Schreibtisch zusteuern, klingelt Ihr Handy und Sie hören sich kurz darauf selbst, wie Sie Ihren Mann anblaffen, der lediglich anruft, um etwas über Ihre Pläne für den Abend zu fragen. Als Sie auflegen, sind Sie einen Moment lang verwirrt über den Austausch, oder fühlen sich vielleicht sogar schlecht deswegen. Genauso schnell aber drücken Sie diese Gefühle herunter und gehen zum nächsten Punkt auf der To-do-Liste über.

Was ist bei diesem Telefongespräch passiert? Die Gefühle, die die misslungene Sitzung ausgelöst hat, wurden verstärkt und befeuert durch den Verstand, der das Geschehene bewertete, nochmals abspulte und dann überlegte, was anders hätte laufen können. Die Gefühle, die von der Enttäuschung ausgingen, wurden weiter aufgewühlt und von einem Strom von Gedanken gefüttert. Wenn man in diesem Strudel gefangen ist, ist die Fähigkeit, wirklich mit anderen in Kontakt zu treten und respektvoll zu reagieren, sehr eingeschränkt.

Auf einer Ebene wissen Sie vielleicht, dass Ihr Verhalten am Telefon ein Fehler war, doch in den meisten Fällen werden Sie wahrscheinlich einfach weitermachen, verletzte Gefühle hinterlassen und der Beziehung zu Ihrem Mann nichts Gutes tun. Später, entweder weil Sie jemand darauf aufmerksam macht oder weil Sie in einer ruhigen Minute das Geschehene Revue passieren lassen, können Sie zwar die Auswirkung Ihrer Reaktivität sehen, aber Sie wissen noch immer nicht, wie Sie die Wahrscheinlichkeit verringern können, dass es wieder passiert.

Wenn Sie Gefühle in Ihre Praxis einbeziehen, fangen Sie an, sie im Moment des Entstehens zu bemerken, und ebenso werden Sie mitbekommen, wie der bewertende und denkende Verstand dazu beiträgt, den emotionalen Einfluss aufrechtzuerhalten, der Sie davon abhält, bewusste Entscheidungen über Ihre nächste Interaktion oder Handlung zu treffen. Sie werden auch langsam Einsicht in die Konditionierungen gewinnen, die dahinterstecken, wenn Menschen oder Ereignisse bestimmte Gefühle in Ihnen auslösen, die dann wiederum dazu führen, dass wir uns achtlos ablenken, sei es mit Essen, obsessivem Arbeiten, E-Mails, sozialen Netzwerken, Sport, Alkohol … Sie wissen, wovon ich spreche.

Indem Sie die Meditationspraxis auf Ihre Gefühle anwenden, lernen Sie, sie wahrzunehmen, ohne daraus einen abendfüllenden Film zu machen. Sie schaffen mehr Raum um sie herum. Das erlaubt Ihnen, sich zu entscheiden, wie Sie auf sie reagieren wollen.

Die Rolle von Gefühlen im Kontakt mit sich selbst

Wenn Sie den Gefühlen, die in Ihrem Körper aufsteigen, mehr Aufmerksamkeit schenken, können Sie Einsicht darin gewinnen, wie Sie Moment für Moment mit Ihrem Leben umgehen. Vielleicht erkennen Sie ja, dass ein ständiger Zustand des Ärgers oder der Reue Sie einiges an Wohlbefinden kostet und Ihre Fähigkeit zu klaren Entscheidungen beeinträchtigt. Vielleicht stellen Sie fest, dass das Gewicht dieser Emotionen zu einer konstanten Müdigkeit führt. Statt die Gefühle wegzuschieben oder sich von ihnen abzulenken, können Sie anfangen, sich ihnen mit Mitgefühl zuzuwenden. Den bewertenden Verstand beiseitelassend, schauen Sie auf die Quelle dieser Gefühle, mit sanfter Neugier und in der Absicht, sich selbst ein wenig besser kennenzulernen. So erweitern Sie Ihre Möglichkeiten, auf diese Gefühle zu reagieren. Sie fangen an, die einfachen Freuden im Leben wieder wahrzunehmen, die Ihnen möglicherweise gefehlt haben. Sie spüren die Wärme und das Licht eines Sommertages, während Sie nach der Arbeit zum Auto gehen, und für einige Augenblicke fühlen Sie, welche Freude das in Ihrem Herzen hervorruft.

Unsere Gefühle bringen Fülle und Schönheit in unser Leben. Sie helfen uns, zu verstehen, was es bedeutet, im gegenwärtigen Moment lebendig zu sein – ein gegenwärtiger Moment, der Gefühle wie Traurigkeit, Freude, Trauer, Angst, Zufriedenheit, Frieden, Glück oder Besorgnis beinhalten mag. Wenn wir uns unserem Gefühlsleben mit offenem Interesse nähern, kann es sich auch als Quelle tiefer Weisheit herausstellen – jene Art Weisheit, die uns hilft, mit unserem eigenen Leid in Kontakt zu kommen. Und die uns hilft, die Menschen und Umstände zu würdigen, die zu unserer Freude beitragen. Wenn wir uns dieser Sprache des Herzens öffnen, öffnen wir zugleich auch unser Herz für andere. Je vertrauter wir mit unseren eigenen Emotionen sind, umso besser können wir das Verhalten anderer Menschen verstehen. Wenn wir unsere Gefühle nicht verstehen können, sind wir von unserer eigenen Tiefe abgeschnitten, der Tiefe des Herzens. Und wer glaubt schon ernsthaft, dass wir ohne Herz ein gutes Leben führen können?

Lennart, ein Systemanalytiker, der seit Kurzem Meditation praktizierte, schrieb mir eines frühen Morgens über seine Erlebnisse auf dem Weg zur Arbeit. Es war ein kalter Tag im Februar und er befand sich auf einer Bundesstraße in Wisconsin. Er schaltete das Radio aus, um die Stille des Morgens zu genießen, und als er um eine Kurve bog, fuhr er mit einem Mal dem Sonnenaufgang entgegen. „Ich war so ergriffen davon, wie die Lichtstrahlen von den Wolken zu springen schienen und sich in Millionen von winzigen Reflexionen zerstreuten", erzählte er. „Ich atmete die Schönheit geradezu ein und nahm wahr, wie Wärme sich in meiner Brust ausbreitete. Ich war so dankbar, dass ich diesen Moment erlebte, ganz und gar erlebte, und von nichts abgelenkt war. Es war ein Moment so tiefen Friedens, dass es mir die Tränen in die Augen trieb."

Lennart musste nirgendwo hingehen und nichts tun, um diesen besonderen Augenblick zu erleben. Er musste lediglich mit seinem Herzen in Kontakt sein.

Die Rolle von Gefühlen in Veränderungsprozessen

Wenn wir als Führungskräfte unser Herz genauso wertschätzen wie unseren Geist, bringen wir viel mehr von unseren Möglichkeiten in jede gegebene Situation ein. Das hilft uns dabei, unser Repertoire an Reaktionen und Handlungen zu erweitern. Wenn wir mit unserem analytischen Verstand *und* unserem weisen Herzen zuhören, stellen wir vielleicht fest, dass wir mehr sehen, inspirierter und mitfühlender sind und leichter neue Wege finden, um es mit den Herausforderungen am Arbeitsplatz und in der Welt aufzunehmen. Mein liebstes Beispiel, wie man etwas in der Welt bewirken kann, stammt aus einer Geschichte, die mit einer Taxifahrt beginnt. Sheri Schellhaass, Vizepräsidentin für Forschung und Entwicklung bei General Mills, war auf dem Rückweg von einer Geschäftsreise. Müde und darum besorgt, schnell nach Hause zu kommen, stieg sie am Flughafen in ein Taxi und gab dem Fahrer ihre Adresse. Sie war drauf und dran, ihre Augen zu schließen und sich ein bisschen auszuruhen, als der Fahrer anfing, über das kalte Winterwetter zu plaudern.

Er erklärte, er sei in Afrika geboren und daher seien der Schnee und das Eis im winterlichen Minnesota neu für ihn; er habe Schwierigkeiten, sich an die Kälte zu gewöhnen. Sheri gab die Hoffnung auf ein Nickerchen schnell auf und wurde neugierig, wie dieser junge Mann in den Mittleren Westen geraten war. Im Verlauf der Unterhaltung erfuhr Sheri, dass der Taxifahrer aus Malawi kam, einem der ärmsten Länder Afrikas. Es gab dort für ihn keine Zukunft. Essen und Wasser waren knapp, genauso wie Arbeit und Bildungschancen, und so arbeitete er jahrelang in der festen Absicht, nach Amerika zu entkommen.

Seine Geschichten über die mittellosen Kinder, die schließlich an Unterernährung starben, waren beeindruckend. Es gab kein Essen für die Kinder während des Schultags, und oftmals bekamen sie auch zu Hause nur ein oder zweimal in der Woche etwas. Sheri war tief bewegt von dem, was sie hörte, und es blieb ihr noch lange nach der Fahrt im Gedächtnis.

Sheri war Ernährungswissenschaftlerin und hatte eine leitende Position im Unternehmen inne, und ab und an stellten sie und ihr Team in ihrer freien Zeit Mahlzeiten auf Getreidebasis für die Non-Profit-Organisation Feed My Starving Children (FMSC) zusammen. Sheri fragte sich nun, wie sie die Arbeit von FMSC nach Malawi bringen könnte. Sie hatte vor, eine Million Mahlzeiten zu den dortigen Kindern zu schicken. Zunächst brauchte sie Geld, um das Essen und den Versand zu bezahlen. Es gelang Sheri, Fördermittel von der General-Mills-Stiftung zu bekommen. Aber wer sollte bloß all die Mahlzeiten verpacken?

Eines Morgens veranstaltete Sheri ein offenes Treffen für die Mitarbeiter von General Mills. Sie sprach über die Lage in Malawi und den Plan mit der eine Million Mahlzeiten, und sie bat um Hilfe. In ihrem Vortrag war spürbar, wie sehr die Not der Kinder in Malawi ihr Herz berührt hatte. Als sie zum Ende kam, gab es keinen Zweifel daran, dass sie genügend freiwillige Helfer haben würde. Am Freitagmorgen waren die Listen, die sie ausgehängt hatte, voll.

Allerdings endet die Geschichte hier nicht. Die Kontakte nach Malawi wurden ausgeweitet, als weitere Menschen zu dem Kreis der Helfer dazustießen. Diese Kontakte sollten zum Aufbau von Schulen führen, zur Akquise von Fördergeldern für Brunnenbau und besserem Zugang zu sauberem Wasser und dem Transfer von Technologie zur Entwicklung von neuen Wegen der Haltbarmachung von lokalen Lebensmitteln, um diese auch während der Monate der Dürre und Knappheit verfügbar zu machen. Hunderte von Menschen beteiligten sich und Tausende von Leben waren betroffen.

Dies alles hatte seinen Ausgangspunkt darin, dass eine Frau von der Geschichte eines Taxifahrers berührt war und den Mut hatte, ihre Expertise und ihren Einfluss einzusetzen, um ihrem Herzen zu folgen. Das Projekt florierte und wuchs, weil viele andere ebenfalls dazu beitragen wollten. Solch ein Esprit zeugt von Führungsexzellenz. Das Projekt war von großem Nutzen für die Menschen in Malawi, was ja auch sein primärer Zweck war. Nebenbei gewannen die vielen letztendlich beteiligten Unternehmen und Non-Profit-Organisationen an menschlichen Qualitäten, die Mitarbeiter entwickelten einen mitfühlenderen Blick auf die Welt. Das Projekt machte die Menschen sehr stolz auf ihre

Arbeit und die Organisationen, von denen sie Unterstützung bekamen. Es vermittelte zudem der Außenwelt, also Investoren oder potenziellen Arbeitnehmern, einen Eindruck von den Menschen, die diese Organisationen und Unternehmen leiteten. Es berührte die Gefühle aller Beteiligten und erinnerte sie daran, dass alle Menschen auf diesem Planeten im gleichen Boot sitzen.

Die Geschichte über Malawi ist das Beispiel einer Managerin, die sich von einem Gespräch während einer Taxifahrt inspirieren und dann von ihrer Expertise und ihren Gefühlen leiten ließ. Ihr Projekt stieß eine enorm positive Bewegung an. Emotionen sind wichtige Verbündete, auch wenn es darum geht, kleinere Veränderungen anzuregen oder umzusetzen. Je besser wir sie kennenlernen, desto mehr können wir darauf vertrauen, dass das Unbehagen, das wir zu einer bestimmten Gelegenheit verspüren, uns vielleicht noch mehr mitteilt als die Worte, die wir hören, und wir finden viel eher die richtigen Fragen. Auch neigen wir eher dazu, innezuhalten und nach einer Alternative Ausschau zu halten, wenn wir unsere Besorgnis als Hinweis darauf verstehen, dass eine Entscheidung möglicherweise nicht im Einklang mit unseren Führungsprinzipien steht.

Ihre Gefühle können Ihnen auch helfen zu erkennen, wenn Ihr Team nicht wirklich hinter einer neuen Initiative steht. Menschen in Führungspositionen wissen, welch destruktive Dynamik sich entfalten kann, wenn Einzelne mit einer Veränderung nicht ganz einverstanden sind. In der Öffentlichkeit werden sie zwar durchaus die passenden Worte finden, das nötige Commitment zur Umsetzung aber fehlt. Wenn Sie lernen, solchen Gefühlen zu vertrauen, egal, wie subtil sie sein mögen, können Sie Ihr Unbehagen als Hinweis nehmen zum Beispiel zur Ermutigung von mehr Aufrichtigkeit.

Präzise und geschickt durch das Reich der Gefühle zu navigieren erfordert Übung. Uns wurde einfach nicht beigebracht, uns mit unseren Gefühlen anzufreunden, sie als Wissensquelle oder Wegweiser zu einem besseren Selbstverständnis und einem tieferen Kontakt mit den Menschen, denen wir begegnen, zu betrachten. Ebenso wurde uns nicht beigebracht, wahrzunehmen, wenn unsere Gefühle durch Gedanken angeheizt werden und dadurch unsere Fähigkeit zur Weitsicht und weisen Entscheidungsfindung einschränken.

Wenn wir lernen, unseren Emotionen mit mehr Freundlichkeit und Interesse zu begegnen, werden wir merken, wenn unsere Gefühle von Gedanken oder Konditionierungen gefüttert unverhältnismäßig hochkochen. Wir bemerken es auch, wenn wir Gefühle beiseiteschieben oder uns von ihnen ablenken, anstatt sie dazu zu benutzen, uns und die gegebene Situation besser zu verstehen. Schließlich fangen wir an, der Information, die wir erhalten, zu vertrauen, und nutzen unsere Gefühle als Wegweiser in Entscheidungsfragen. Wir müssen der Fähigkeit, unsere Gefühle zu verstehen, genauso viel Wert beimessen wie unserer Fähigkeit, unseren diskursiven, kognitiven Verstand auszubilden. Sich nur auf die Ratio und auf Erfahrungswerte zu verlassen ist schlichtweg nicht genug in unserer heutigen Welt. Wir müssen alle unsere Fähigkeiten in unser Leben und unsere Führungstätigkeit einbeziehen, auch den weisen Umgang mit Emotionen.

Kapitel 13

Mitgefühl und Freundlichkeit im Arbeitsleben

Ein menschliches Wesen ist Teil des Ganzen, das wir Universum nennen, ein Teil, das in Zeit und Raum begrenzt ist. Es erfährt sich selbst, seine Gedanken und Gefühle als etwas vom Rest Getrenntes – eine Art optische Illusion seines Bewusstseins.

ALBERT EINSTEIN

Vor einigen Jahren hielt ich einmal eine Präsentation auf einer Konferenz in Massachusetts. Ich hatte gerade angefangen, einige Fragen zu beantworten, als ein junger Mann im hinteren Teil des Raumes aufstand. Ohne auf das Mikrofon zu warten, rief er einfach aus: „Okay, Sie haben mich überzeugt, dass dieses Geistestraining notwendig ist, um Fokus und Kreativität zu steigern, aber wird es nicht einfach bestimmten Führungskräften dazu dienen, noch erfolgreicher Egoismus und Habgier auszuleben?“ Zwar war ich auf diese Frage nicht vorbereitet, doch war es ein plausibler Einwand, wenn man den Hintergrund des Mindful-Leadership-Trainings noch nicht kannte. In der Tat wurde mir diese Frage seitdem noch einige Male gestellt.

Ich nahm mir einen Augenblick, um meine Gedanken zu sortieren, und erklärte dann, dass die Arbeit des Mindful-Leadership-Trainings auf die Entwicklung von vier Säulen der Führungsexzellenz ausgerichtet ist: Konzentration, Klarheit, Kreativität und Mitgefühl. Das Element, das den bei Weitem größten transformativen Effekt hat, ob wir nun einzelne Menschen, ein Unternehmen oder das weitere Umfeld betrachten, ist Mitgefühl.

In den vielen Beispielen, die wir bislang in diesem Buch betrachtet haben, kam die bedeutsamste Veränderung stets aus einem tieferen Verständnis unserer Verbundenheit miteinander. Thomas Merton sagte: „Die ganze Idee von Mitgefühl basiert auf dem scharfsinnigen Gewahrsein der Interdependenz all dieser Lebewesen, die alle Teil voneinander und aneinander beteiligt sind."

Mit sich weiterentwickelnder Praxis und zunehmender Klarheit werden Sie sich vielleicht immer wieder aufs Neue für Veränderungen entscheiden wollen, die Ihrem neu- oder wiederentdeckten Mitgefühl entspringen. Sie werden Leid in sich selbst erkennen und Mitgefühl für sich selbst aufbringen, um es zu lindern. Oder Ihnen fällt auf, dass es etwas in Ihrem Arbeitsumfeld gibt, das einigen Ihrer Kollegen nicht guttut oder sie ausschließt. Vielleicht entdecken Sie auch eine Möglichkeit, Ihre Arbeit auf eine Weise zu tun, die der Umwelt weniger schadet oder der Allgemeinheit dienlicher ist.

Entgegen der Annahme des jungen Mannes, der die Frage stellte, ist Mitgefühl ein integraler Bestandteil von Mindful Leadership. Ist Mindful-Leadership-Training authentisch, so stärkt es die selbstlosen, großzügigen Eigenschaften, die wir als gute Führungskräfte brauchen, wenn wir unsere Arbeit nicht aufs Verwalten oder Ausführen beschränken wollen. Unter den jüngsten Forschungsarbeiten, die einen Zusammenhang zwischen Meditation und Mitgefühl aufzeigen, ist eine Studie aus dem Labor von David DeStenos an der Abteilung für Psychologie an der Northeastern University, die untersuchte, ob Achtsamkeitsmeditation zu einem beobachtbaren Anstieg von mitfühlendem Verhalten führt. In der Studie aus dem Jahr 2013 wurde festgestellt, dass etwa fünfzig Prozent der Teilnehmer eines achtwöchigen Meditationskurses aufstanden und ihren Sitzplatz einer Person mit Krücken, die sich vor Schmerz krümmte, anboten, während nur fünfzehn Prozent der Nichtmeditierenden dies taten.

Mitgefühl ist machtvoll. Öffnet man sich dafür, nährt es den Mut und prägt Entscheidungen. Es entspringt dem Herzen und wird vom Geist gelenkt. Seine Macht ist offensichtlich, sowohl historisch betrachtet als auch im alltäglichen Leben. Wenn wir uns die Momente in der Geschichte anschauen, in denen Menschen sich gegen Ungerechtigkeit oder Angriffe zur Wehr setzten, kamen ihre Kraft und ihr Mut aus ihrem Mitgefühl, also aus ihrem tiefen und authentischen Verständnis des vorhandenen Leids und dem Wunsch, etwas dagegen zu unternehmen. Abraham Lincoln, Martin Luther King, Mutter Teresa und Mahatma Gandhi sind nur einige großartige Beispiele dafür. Ihr Mitgefühl resultierte in der Entschlossenheit, sich einzusetzen und Taten von tiefer Güte für Notleidende zu vollbringen. Sie veranschaulichen auf beeindruckende Weise, wie Führungspräsenz aussehen kann.

In Ihrem eigenen Leben mögen Sie sich vielleicht nicht unbedingt in historischen Ausmaßen für wichtige gesellschaftliche Belange einsetzen. Trotzdem kennen Sie sicherlich den Drang, zu handeln, wenn Sie von der Einsicht in das Leiden anderer tief berührt sind. Indem Sie sich auch der Tendenz, sich von diesem Zug im Herzen abzulenken, immer bewusster werden, können Sie Ihr Verständnis vertiefen und sich für eine Handlung entscheiden, die Leiden lindert. Dann beziehen Ihre Taten Kraft aus Ihrem Herzen und Sie wissen, dass nichts Sie aufhalten kann.

Wie Sie vielleicht schon ahnen, ist der Beginn allen Mitgefühls der, das eigene Leid wahrzunehmen. Wir sind im Allgemeinen nicht so gut darin, die Schwierigkeiten in unserem Leben anzuerkennen, aber ziemlich gut darin, die schmerzhaften Seiten zu leugnen und zu ignorieren. Das gilt insbesondere für Menschen in Führungsrollen. Ich hörte einmal den Präsidenten einer der besten Businessschulen der Welt über den Widerstand der MBA-Studenten sprechen, anderen Ihre Fehler und Schwierigkeiten einzugestehen. Tatsächlich, so merkte er an, seien sich die Studenten ihrer Fehler und Schwierigkeiten kaum bewusst. Er schloss daraus, dass „Erfolg ein guter Ort ist, um sich zu verstecken". Ja, wirklich, wenn Dinge im Leben gut laufen, ist es sehr einfach, sich damit abzulenken und die Aufmerksamkeit ganz auf diese Bereiche zu richten.

Wir können uns für eine zerrissene Existenz entscheiden und die Tatsache ignorieren, dass uns erst all unsere Teile zusammengenommen zu dem machen, was wir sind – nicht nur die erfolgreichen.

Erfolg ist nicht nur für MBA-Studenten ein guter Ort, um sich zu verstecken. Auch erfolgreiche Führungskräfte haben oft Widerstände dagegen, Schwierigkeiten in ihrem Leben anzuerkennen. Schließlich läuft doch so vieles gut, warum sich mit den Dingen herumplagen, die Schmerz verursachen? Das gilt besonders für Menschen mit Führungsrollen in helfenden Berufen. Sie wenden oftmals ihre gesamte Energie dafür auf, etwas für ihre Familien, Freunde, Kollegen, Nachbarn und Teams zu tun. Dabei ignorieren oder leugnen sie die Notwendigkeit, ihren eigenen Schmerz zu lindern, ihr Bedürfnis nach Mitgefühl sich selbst gegenüber.

Matthew, ein sehr talentierter Geschäftsmann in einer bedeutenden Kanzlei, erzählte, wie er den Wert von Selbstmitgefühl erfuhr:

> Am elften Februar kam mein Schwager im Alter von nur dreißig Jahren auf sehr tragische Weise ums Leben und hinterließ meine Schwester, ihre zehnjährige Tochter und ein ungeborenes Kind. Meine Familie steht sich sehr nahe und es war ein absoluter Schock. Ich flog sofort nach Miami, um meiner Schwester beizustehen.
>
> Unter dem Druck all der Dinge, die nun getan werden mussten, fing ich an, einfach „zu machen" – alles zu arrangieren, mit dem untersuchenden Arzt und dem Beerdigungsinstitut zu sprechen, Bankkonten zu schließen und so weiter. Zwei Tage „machte" ich einfach nur und „fühlte" nichts. Meine Mauer war hochgezogen und *nichts* würde sie zum Einstürzen bringen! Bis ich schließlich irgendwann nicht mehr umhin konnte zu erkennen, wie kostspielig die Konsequenzen dieser Achtlosigkeit sein können.
>
> Mein Bauch war völlig verknotet. Ich schlief nicht. Ich konnte nicht essen. Ich gab meine Leidenschaft, das Laufen, auf, weil ich so müde und ausgelaugt war. Ich ignorierte all diese wichtigen Hinweise. Ich versuchte, mich weiter auf die Bedürfnisse aller anderen zu konzentrieren. Ich wollte es „in Ordnung bringen". Schließlich konnte ich aber nicht länger ignorieren, wie ich mich fühlte.

Dann erinnerte ich mich an mein Achtsamkeitstraining. Ich stand morgens auf und machte etwa eine halbe Stunde lang eine Gehmeditation. Es war die beste Weise, mir Zeit für mich zu nehmen. Es brachte mich vom Autopilot-Modus in ein vollständiges Gewahrsein des gegenwärtigen Moments. Ich fing an, den jeweiligen Moment zu sehen, zu hören, zu riechen, zu schmecken und zu fühlen. Ich fühlte den Verlustschmerz, die Wut über die Situation, in der meine Schwester und meine Familie sich nun befanden und die Sorge um meine eigenen Kinder. Und ich weinte.

Ich erinnerte mich daran, zu atmen. Etwas so Simples, und doch machte es so viel aus. Wenn ich überfordert war, hielt ich inne, machte eine Pause und atmete. Ich wurde dadurch zu einem besseren Bruder, Vater und Sohn. Ich ließ den Kontakt zu den anderen wieder zu, und ich fand tiefen Trost und sogar Freude darin, das Leben meines Schwagers zu würdigen. Ich war zugänglicher, mehr bei der Sache und weniger roboterhaft. Ich konnte auch wieder schlafen und essen, was alles, was ich noch zu durchdenken und zu erledigen hatte, erheblich erleichterte.

Ich erlaubte mir, meine Lebendigkeit in jedem einzelnen Augenblick zu spüren. Hätte ich das nicht getan, hätte ich es versäumt, die Liebe und Unterstützung meiner Freunde, Familie und Kollegen zu fühlen. Ich hätte versäumt, zu erfahren, wie unglaublich freundlich, erstaunlich großzügig und hilfsbereit Menschen spontan sein können. Ich hätte die Gelegenheit versäumt, mich an die Segnungen in meinem Leben zu erinnern.

Letzte Woche hat meine Schwester ihr Baby zur Welt gebracht, und beiden geht es gut.

Aus Matthews Geschichte lässt sich vieles lernen. Kennen Sie solches Verhalten an sich selbst, wenn Sie sich in einer Krisensituation befinden – so sehr darauf bedacht zu sein, „es in Ordnung zu bringen", dass sie Schlaf einbüßen, zu wenig essen und ihre eigenen Gefühle leugnen oder ignorieren? Mir jedenfalls war es lange Zeit vertraut. Was ich schließlich gelernt habe, ist das, was auch Matthew so schön beschreibt. Mit sich selbst Mitgefühl zu haben, negiert *nicht* die Fähigkeit, anderen Hilfe und Unterstützung anzubieten. Es bringt nichts, seinen Schmerz wegzuschieben, um

„es wiedergutzumachen". Es ist sogar viel eher so, dass die Bereitschaft, sich der eigenen Situation zuzuwenden, uns darin unterstützt, wach mit unseren Mitmenschen umzugehen und sowohl zu verstehen, was sie *von uns* brauchen, als auch zu sehen, was sie *für uns* tun.

Wie entwickelt man Mitgefühl?

Ein guter Weg zur Entwicklung von Mitgefühl ist die Praxis der Freundlichkeit. Sie hilft uns anzuerkennen, dass alle Menschen die gleichen grundlegenden Bedürfnisse haben und unser Herz für diese Tatsache zu öffnen.

Schauen wir uns einige dieser Bedürfnisse an:

Wir alle möchten uns sicher vor körperlicher oder emotionaler Verletzung fühlen.
Wir alle möchten uns stark und gesund fühlen.
Wir alle möchten uns glücklich fühlen.
Wir alle möchten in Leichtigkeit leben (womit im Sinne dieser Meditation gemeint ist, in Klarheit und Ausgeglichenheit zu leben).

Diese vier Aussagen würdigen den allen Menschen gemeinsamen Wunsch, frei von Leiden zu leben. Sie bilden die Basis einer Meditation, die Sie zu einem Teil Ihrer täglichen Praxis machen können.

Meditation über Freundlichkeit

Zu Anfang folgen Sie bitte den gleichen vier Schritten wie in allen anderen Übungen, mit denen Sie bislang gearbeitet haben.

Meditation über Freundlichkeit – Teil eins

▶

1. Nehmen Sie eine bequeme Sitzhaltung ein und erlauben Sie Ihrem Körper, zur Ruhe zu kommen und sich getragen zu fühlen.
2. Fangen Sie damit an, sich Ihres Atems bewusst zu werden. Wenn Sie soweit sind, sprechen Sie in Gedanken jeden der folgenden Sätze zwei Mal. Nehmen Sie sich während des Sprechens Zeit, Ihren Körper zu spüren, insbesondere die Herzgegend. Machen Sie ein paar Atemzüge lang eine Pause, bevor Sie zum nächsten Satz übergehen. Die beiden Aufmerksamkeitsobjekte sind (1) die Erfahrung, die Sätze zu sprechen, und (2) die Körperempfindungen, die dabei auftauchen.

   „Möge ich mich sicher vor körperlicher und emotionaler Verletzung fühlen."
   „Möge ich mich stark und gesund fühlen."
   „Möge ich mich glücklich fühlen."
   „Möge ich in Leichtigkeit leben."

3. Während Sie Ihre Aufmerksamkeit auf den jeweiligen Satz richten, bringen Sie all Ihren Körperempfindungen Offenheit und Interesse entgegen. Sie müssen das, was Sie wahrnehmen, weder verändern noch kontrollieren noch bewerten.
4. Nehmen Sie es wahr, wenn Ihre Aufmerksamkeit weggezogen wird oder abdriftet, und führen Sie sie zu den beiden Aufmerksamkeitsobjekten dieser Meditation zurück – den Sätzen und den Körperempfindungen. Es ist nicht nötig, zu beurteilen, wie gut Ihnen diese Übung gelingt.

Es ist wichtig, zu verstehen, dass der Wunsch nach diesen Seinszuständen – Sicherheit, Stärke, Glück und Leichtigkeit – nicht gleichbedeutend damit ist, diese Zustände herbeiführen zu wollen, wenn sie nicht der gegenwärtigen Realität entsprechen. „Möge ich glücklich sein" drückt einen tiefen Wunsch aus, es ist kein Befehl, sich zu zwingen, glücklich zu sein und die tatsächliche Erfahrung zu ignorieren. Es geht nicht darum, Selbsttäuschung zu entwickeln. Vielmehr ist dies eine Meditation, die Ihr Herz und Ihren Geist für diese Bedürfnisse öffnet, Sie an unser aller Menschlichkeit erinnern kann und bei der es wichtig ist, genau das zu *fühlen*, was Sie eben gerade fühlen.

Wie ist es Ihnen ergangen? Wie hat es sich angefühlt, sich selbst Mitgefühl und Freundlichkeit entgegenzubringen? Zunächst mag es Ihnen seltsam vorkommen, das zu tun. Sie sind es vielleicht nicht gewöhnt, Ihre Menschlichkeit auf diese Weise anzuerkennen. Oder es kommen starke Verlustgefühle in Ihnen auf, wenn Sie zum ersten Mal einsehen, dass auch Sie sich diese Dinge wünschen. Wir alle möchten uns sicher, stark, gesund und glücklich fühlen. Wir alle möchten unser Leben in Leichtigkeit leben, also in tiefer Klarheit darüber, worum es uns geht und wie wir jedem Augenblick begegnen möchten. Vielleicht gibt es auch bestimmte wiederkehrende Gefühle oder Gedanken während dieser Übung, sozusagen regelmäßige Besucher. Bringt die Übung manchmal unangenehme Gefühle hervor? Sind Ihnen diese Gefühle vertraut? Löst es in Ihnen ein Gefühl von Wärme und Vertrautheit aus, wenn Sie Ihre Bedürfnisse anerkennen und mit sich selbst auf eine Ihnen noch neue Weise umgehen? Vielleicht stellen Sie fest, dass Schuldgefühle auftauchen. Oder Gedanken wie: „Das ist egoistisch." Falls ja, warum glauben Sie, dass alle Menschen diese grundlegenden Wünsche nach einem Leben ohne Leiden haben, können aber den Wunsch nicht in sich selbst anerkennen? Worum geht es hier? Verdient jedermanns Leiden Linderung, nur Ihres nicht? Seien Sie behutsam mit sich, während Sie diesen Fragen nachgehen. Bleiben Sie einige Tage bei dieser Praxis, bevor Sie zum nächsten Teil weitergehen oder zu den anderen Meditationen in diesem Buch zurückkehren. Seien Sie aufgeschlossen und neugierig, was auftauchen mag.

Wenn Sie sich bereit fühlen, können Sie zum zweiten Teil der Meditation über Freundlichkeit weitergehen.

Meditation über Freundlichkeit –
Teil zwei: Den Kreis erweitern

Sie können diese Praxis mit den unten stehenden Sätzen fortführen, in denen dieselben Wünsche, die Sie für sich geäußert haben, jemand anderem gelten.

▶ Suchen Sie zuerst jemanden aus, der Sie bedingungslos liebt, also ganz genauso, wie Sie sind. Es ist hilfreich, sich das Bild dieser Person ins Gedächtnis zu rufen, bevor Sie anfangen, jeden Satz in Gedanken zwei Mal zu wiederholen. Bevor Sie zum jeweils nächsten Satz übergehen, machen Sie ein paar Atemzüge lang eine Pause.

„Mögest du dich sicher fühlen."
„Mögest du dich stark und gesund fühlen."
„Mögest du dich glücklich fühlen."
„Mögest du in Leichtigkeit leben."

Welche Empfindungen steigen dabei in Ihnen auf? Nehmen Sie ein Gefühl von Wärme in der Herzgegend wahr oder vielleicht eine Leichtigkeit im Brustraum, während Sie diese Sätze an jemanden richten, der Sie liebt? Sind Sie sich des Gefühls der Verbundenheit mit diesem Menschen bewusst? Kehren Sie für einige Zeit zu der Praxis mit Ihren Körperempfindungen oder Ihrem Atem zurück. Machen Sie sich dann bereit, den Kreis, den Sie gerade erschaffen, zu erweitern.

Lassen Sie sich Zeit, während Sie dieselben vier Sätze in der gleichen Weise, wie Sie es für sich selbst und jemanden, der Sie liebt, getan haben, an die folgenden Personen richten:

Jemand, den Sie lieben
Jemand, der für Sie ein Mentor oder Lehrer ist
Jemand, mit dem Sie gut befreundet sind
Jemand, mit dem Sie bekannt sind

Jedes Mal, wenn Sie jemand Neues auswählen, denken Sie daran, sich zuerst ein Bild dieser Person ins Gedächtnis zu rufen. Nehmen Sie sich ein paar Minuten, um mit den Körperempfindungen oder dem Atem zu praktizieren, bevor Sie sich auf eine neue Person konzentrieren.

Zuletzt rufen Sie sich jemanden ins Gedächtnis, mit dem Sie Schwierigkeiten haben. Werden Sie sich darüber klar, dass diese Person sich ebenfalls einfach wünscht, sich sicher, glücklich, gesund und stark zu fühlen und in Leichtigkeit zu leben, und erweitern Sie Ihren Kreis noch einmal, indem Sie diese vier Sätze an sie richten. Sie müssen sich keine Gedanken darüber machen, warum diese Person für Sie schwierig ist, oder über das Leid, für das Sie sie verantwortlich machen. Lassen Sie das Urteilen los. Für den Moment erkennen Sie einfach an, dass auch dieser Mensch die grundlegenden menschlichen Charakteristika mit uns allen teilt.

Geben Sie sorgsam darauf acht, was in Ihrem Geist auftaucht, während Sie diese Übung machen. Was bemerken Sie? Es gibt keine richtigen oder falschen Antworten auf diese Frage. Wenn eine Kaskade von Gedanken, Bewertungen, Erinnerungen oder Geschichten auftaucht, nehmen Sie sie zur Kenntnis und lassen Sie sie für diesen Moment absichtlich ziehen. Kehren Sie dann mit Ihrer Aufmerksamkeit zu den Sätzen und den Empfindungen in Ihrem Körper zurück.

Seien Sie sanft mit sich. Wenn es zu schwierig ist, diese mitfühlenden Sätze an jemanden zu richten, der Sie verletzt hat, versuchen Sie es damit, sie an die Person und Sie selbst zugleich zu richten. Diese Praxis erfordert nicht, dass Sie irgendetwas verändern – auch nicht, dass Sie irgendjemandem verzeihen, oder Ihre Gefühle dieser Person gegenüber ändern. Selbst wenn Sie feststellen sollten, dass sich mit der Zeit ein subtiler oder auch deutlicher Wandel in Ihren Gefühlen gegenüber jemandem, der Sie verletzt hat, vollzieht, so ist das dennoch nicht das eigentliche Ziel dieser Praxis. Die Praxis der Freundlichkeit dient einfach dazu, Ihr Herz zu öffnen und anzuerkennen, dass wir alle gemeinsam in dieser Welt leben, dass es grundlegende menschliche Wünsche gibt, die wir alle teilen, und dass wir alle von Zeit zu Zeit leiden.

In den letzten Augenblicken Ihrer Meditation kehren Sie zum ersten Teil der Übung zurück, der Entwicklung von Selbstmitgefühl, und richten Sie diese vier Sätze noch einmal an sich selbst.

Diese Übung kann Ihnen helfen, den Wert von Freundlichkeit zu erkennen, jener Geste, die aus dem Bemühen um Mitgefühl entsteht. Die Meditation über Freundlichkeit vermag das Herz zu öffnen und uns auf einer sehr grundsätzlichen Ebene in Kontakt mit unseren eigenen Bedürfnissen und denen anderer zu bringen. Die Qualität der Freundlichkeit hilft auch dabei, sich mit diesen Bedürfnissen anzufreunden, ihnen mehr Beachtung zu schenken und zu erkennen, auf welch vielfältige Weise wir darauf getrimmt wurden, sie zu leugnen oder zu ignorieren.

Der ehemalige Außenminister Colin Powell sagt, bei Freundlichkeit gehe es „nicht darum, nett zu sein, sondern darum, anzuerkennen, dass ein anderes menschliches Wesen Zuwendung und Respekt verdient". In seinem Buch *It Worked for Me* erzählt er eine wunderbare kleine Geschichte über eine Entdeckung, die er in seiner Zeit als Außenminister machte.

> Eines Tages entwischte ich aus meinem schönen Büro und den wachsamen Augen des Sicherheitspersonals und schlich mich hinunter in die Garage. Die Garage wird von Angestellten betrieben, von denen die meisten Immigranten sind und Minderheiten angehören. Sie verdienen gerade mal ein paar Dollar mehr als den Mindestlohn.
>
> Die Garage ist zu klein für all die Autos der vielen Mitarbeiter. Die allmorgendliche Herausforderung besteht also darin, sie alle irgendwie darin unterzubringen. Das System der Wärter besteht darin, sie alle hintereinander aufzureihen, so dicht gepackt, dass es keinen Platz für Manöver mehr gibt. Da Nummer drei nicht rauskommt, bevor Nummer eins und zwei weg sind, ist die Rushhour am Abend ein einziges Chaos, wenn die ersten Autos die Garage nicht pünktlich verlassen. Es lässt sich also kaum vermeiden, dass viele ungeduldige Leute herumstehen und warten müssen, bis sie an der Reihe sind.
>
> Die Wärter hatten noch nie zuvor einen Minister durch die Garage streifen sehen und dachten, ich hätte mich verirrt. … Ich fragte sie nach ihrem Job, woher sie kamen, ob es Probleme mit Kohlenmonoxid gäbe und ähnlichen Small Talk. … Nach einer Weile stellte ich die Frage, über die ich

seit einer Weile rätselte: „Wenn die Autos jeden Morgen hereinkommen, wie legen Sie dann Sie fest, wer als Erster wieder herauskommt und wer als Zweiter und Dritter?"

Sie warfen sich gegenseitig vielsagende Blicke zu und schmunzelten. „Herr Minister", sagte einer von ihnen, „es läuft ungefähr so: Wenn Sie reinfahren und Ihr Fenster runterlassen, rausschauen, lächeln, unsere Namen kennen oder ‚Guten Morgen, wie geht's?' sagen, oder so was in der Art, dann sind Sie der Erste, der wieder rauskommt. Aber wenn Sie einfach geradeaus starren und uns oder die Tatsache, dass wir uns hier für Sie ins Zeug legen, noch nicht mal zu sehen scheinen, naja, dann ist es eher wahrscheinlich, dass Sie als einer der Letzten rauskommen."

Diese Geschichte ist eine gute Erinnerung an die Gleichheit unter Menschen. Wir alle sind wichtig. Wir alle verdienen Respekt. Wir alle wissen Freundlichkeit zu schätzen.

Mitgefühl bei der Arbeit

Durch einfache Akte der Freundlichkeit lässt sich Mitgefühl in jeden Arbeitstag bringen. Wenn wir uns entscheiden, eine gezielte Pause zu machen und einem Kollegen ein Kompliment oder Worte der Ermutigung schenken, oder uns nach seinem Befinden erkundigen, bringen wir Freundlichkeit in unser Arbeitsumfeld. Der Welleneffekt von Freundlichkeit ist grenzenlos. Eine mitfühlende Führungskraft kann jede noch so herausfordernde Arbeitsatmosphäre verwandeln. Wenn sie Mitgefühl verkörpert und als freundlicher Mensch wahrgenommen wird, steigt die Wahrscheinlichkeit, dass selbst die schwierigsten Mitteilungen gut aufgenommen werden können. Wenn man mit jemandem arbeitet, der einen aufrichtig respektiert, einbezieht und wertschätzt, bewirkt das großes Vertrauen in seine oder ihre Entscheidungen.

Freundlichkeit ist allerdings nicht das Gleiche wie Höflichkeit oder Korrektheit. Freundlichkeit kommt von Mitgefühl, einem authentischen

Kontakt zu einem anderen Menschen samt seinen Schmerzen und Freuden. Kommt Freundlichkeit hingegen nicht von Herzen, kann der Effekt gegenteilig sein. Wenn jemand, zu dem wir eine wichtige Beziehung haben, sei es unser Chef oder ein Kollege, sich der Form halber nach unserem Befinden erkundigt, aber dann nicht die Zeit für eine mehr als einsilbige Antwort erübrigt, ist uns sofort klar, dass es ihn nicht ernsthaft interessieren kann. Wenn man uns unnahbar und distanziert begegnet, fühlen wir uns nicht respektiert, einbezogen oder wertgeschätzt. Nein, dann fühlen wir uns unsichtbar.

Die Praxis der Freundlichkeit kann auch helfen, Beziehungen zu uns schwierigen Personen neu zu gestalten. Wir fangen an, die Mauern zu durchbrechen, die wir manchmal um uns herum ziehen, wenn wir Schwierigkeiten mit jemandem haben. Wir errichten Mauern, um uns vor Verletzungen zu schützen, aber das bewirkt eben auch, dass wir darin gefangen sind und unsere Möglichkeiten einschränken, das Leben in seiner ganzen Fülle zu erleben.

Fabrice, der in seiner Führungsposition in der Verkaufsabteilung einer multinationalen Luft- und Raumfahrtgesellschaft hart arbeitete, beschrieb mir seine Erfahrungen mit dem Versuch, die Beziehung zu seinem schwierigen Chef zu verändern. Fabrice war gut in seinem Job und wurde von seinen Kollegen sehr gemocht. Alles schien sich in die richtige Richtung zu bewegen, bis Steve, ein neuer Manager, ins Unternehmen kam und Fabrices Chef wurde. Zunächst lief es gut, aber schon bald fing Steve an, Fabrices Aufgaben bis ins kleinste Detail festzulegen, und untergrub seine Position, indem er ihn von wichtigen Sitzungen ausschloss. Trotz mehrerer Anläufe, mit Steve darüber zu sprechen, änderte sich für Fabrice nichts und bald begann er, jede Begegnung mit Steve zu fürchten.

Fabrice hatte in den Jahren zuvor eine Meditationspraxis mit gezielten Pausen aus dem Mindful Leadership für sich etabliert und fragte sich, ob ihm das in der Situation mit seinem Chef wohl weiterhelfen könnte. Eines Tages, als er gerade am Schreibtisch saß, klingelte das Telefon. Er blickte auf das Display, und als er Steves Namen sah, bemerkte er, wie es eng in seiner Brust wurde. Bevor er auch nur den Hörer abgenommen hatte, konnte Fabrice in seinem Körper spüren, wie er defensiv und verschlossen wurde, und ihm wurde klar, dass das die Sache nur verschlimmern konnte. Steve bat Fabrice, zu einer Krisensitzung in sein Büro zu kommen.

Als er seinen Laptop nahm, beschloss Fabrice, auf dem Weg zu Steves Büro die Meditation über Freundlichkeit zu praktizieren. Alle paar Schritte richtete er einen anderen Satz an Steve („Mögest du dich stark und gesund fühlen" zum Beispiel), ging sie alle durch und begann dann wieder von vorn. Später schilderte Fabrice, was ihm aufgefallen war:

> Stück für Stück begann mein Körper, sich zu öffnen, die Enge ließ nach, und mein Gang wurde flüssiger. Je näher ich seinem Büro kam, umso klarer wurde mir, dass es ihm um die ganz grundlegenden Dinge im Leben ging, genau wie mir. Ich erreichte unser Treffen ohne die defensive Haltung und die Wut, die mich die letzten Wochen begleitet hatten. Als ich ihm an seinem Schreibtisch gegenübersaß, war unsere Unterhaltung produktiver als je zuvor. Ich nehme an, es überraschte ihn, denn als ich ging, dankte er mir für meine Beiträge. Das war eine Premiere für uns beide.

Mitgefühl öffnet die Tür zur Verbundenheit zwischen Ihrem Geist und Ihrem Herzen. In einer Zeit, in der viele Menschen das Arbeitsleben als auslaugend und unpersönlich empfinden, ist es wichtiger denn je, dass ein jeder von uns Mitgefühl entwickelt und verkörpert. Durch die Weisheit des Herzens ist Mitgefühl der essenzielle Gegenpart zur analytischen Schulung des Geistes. Herz und Geist sind zutiefst verbunden, und für exzellentes Leadership braucht man beide. Pir Vilayat Inayat Khan, ein großer Sūfī-Lehrer des zwanzigsten Jahrhunderts, brachte es so auf den Punkt: „Der Geist ist die Oberfläche des Herzens, und das Herz ist die Tiefe des Geistes."

Kapitel 14

Der Blick auf das große Ganze

Du bist nicht hier, um lediglich … deinen Lebensunterhalt zu verdienen. Du bist hier, um mehr Fülle, größere Visionen, einen feineren Geist von Hoffnung und Möglichkeit in die Welt zu bringen. Du bist hier, um die Welt zu bereichern, und du machst dich selbst ärmer, wenn du diesen Auftrag vergisst.

WOODROW WILSON

Was macht es so schwierig, das große Ganze zu überblicken? Was *ist* das überhaupt?

Wahrscheinlich haben Sie in den Meditationen und gezielten Pausen mittlerweile eine Ahnung entwickelt, auf welche Weisen Sie sich selbst von der Verwirklichung Ihres vollen Potenzials abhalten, wenn Sie bestenfalls teilweise aufmerksam sind. Auch haben Sie vielleicht gesehen, wie ein eiliger, terminüberladener Lebensstil Ihre Konzentrationsfähigkeit, Ihre Klarsicht und den Freiraum für Kreativität verschleiern kann. Die Reflexionen haben Sie dazu eingeladen, auf Ihre eigenen Prinzipien zu hören, mit Ihrer inneren Weisheit vertrauter zu werden und Mitgefühl in alle Bereiche Ihres Lebens zu bringen.

Indem wir den Geist schulen, erweitern wir unser Repertoire an Möglichkeiten, wie wir dem Chaos der Welt begegnen können. Nach und nach werden wir uns des von uns ausgehenden Welleneffekts bewusster.

Durch diese neuen Entdeckungen fangen wir an, Gelegenheiten für gezielte Entscheidungen zu erkennen, die womöglich den Status quo verändern. Dabei unterstützt es uns sehr, wenn wir gelernt haben, innezuhalten und über die momentane „Krise" hinauszusehen, über unser nächstes Ziel und auch über uns selbst und den Fokus auf unser Vorwärtskommen hinaus. Wir sind dann öfter in der Lage, das große Ganze zu erkennen, sowie unsere eigene Rolle darin.

Den potenziellen Veränderungen, die von dieser neuen Perspektive ausgehen, sind keine Grenzen gesetzt. Der Blick auf das Gesamtbild kann uns helfen, unsere Prioritäten neu zu ordnen und uns konsequenter dem zu widmen, was wirklich wichtig ist. Für manche gibt er den Impuls, ihr Verhalten zu ändern, Kontakte zu Kollegen zu vertiefen und den Arbeitsplatz oder ihr Umfeld respektvoller und einschließender zu gestalten. Für andere bedeutet es, für eine Arbeitsatmosphäre zu sorgen, in der Aufgeschlossenheit und Flexibilität zu Wegbereitern für bahnbrechende Innovationen werden. Manchmal bringt uns der Blick auf das große Ganze dazu, uns die notwendige Zeit zu nehmen, um nach Win-win-win-Lösungen zu suchen: gut für das Unternehmen, die Mitarbeiter und die Allgemeinheit.

Sich eine Auszeit zu nehmen, um sich nach den Kosten des momentanen Lebensstils zu fragen, kann diese Perspektive ebenfalls unterstützen. Manchmal ist es eine persönliche Krise, die einen zum Anhalten zwingt und in die Gegenwart katapultiert – und dann mit einem neuen Blick auf die Welt und die eigene Rolle darin zurücklässt. Manche Menschen wiederum entscheiden sich dazu, für eine Weile von allem Abstand zu nehmen und sich an einen Ort zu begeben, der nicht von Eile und Termindruck geprägt ist. Das kann ein Retreat sein oder ein Aufenthalt auf dem Land. Ein Ort, der dazu geschaffen wurde, etwas Abstand zu gewinnen, ist die Better Farm, ein Zentrum für Bildung für Nachhaltigkeit im ländlichen New York. Die Managerin, Nicole Caldwell, erzählte mir, was sie an den Menschen, die dort eine Zeit verbrachten, beobachtete:

Wenn die Leute ankommen, sind sie quasi an ihre Smartphones gefesselt, an Facebook-Seiten und Fernsehserien. Sie telefonieren unaufhörlich: um ihre Mailbox abzuhören, um sicherzustellen, dass jemand sich um dies oder jenes in ihrer Abwesenheit gekümmert hat, oder gar, um herauszufinden, ob sie in der Stunde seit dem letzten Anruf etwas verpasst haben. Manche können partout kein Gespräch führen. Die ganze Zeit greifen sie nach ihrem Telefon und checken Nachrichten, Twitter-Updates und unterbrechen einen ständig mit „Lassen Sie mich Ihnen dieses Video zeigen" oder „Oh, tut mir leid, ich muss drangehen". Es ist verblüffend, diese begrenzte Aufmerksamkeitsspanne und der Unwille, mit einem anderen Menschen einfach im Moment zu verweilen. Nach einer gewissen Zeit fangen sie dann an, mit den anderen in dieser Gemeinschaft auf Zeit zu leben und zu arbeiten. Und die iPhones werden zunehmend unwichtiger in ihrer Definition von Leben.

In dem neu entdeckten Kontakt zu anderen Menschen, mit denen sie auf sehr reale Weise gerade Leben, Arbeit und kreativen Raum teilen, erleben die Besucher wieder, wie es ist, Mitgefühl zu empfinden und zu lachen, nicht über einen Film oder etwas, was im Internet kursiert, sondern in der Anwesenheit anderer wirklich zu lachen und Freude zu empfinden. Plötzlich sieht man Leute, die nie zuvor Stille erlebt haben, draußen, wie sie ruhig dasitzen und einfach atmen, einem Vogel zusehen, wie er von Baum zu Baum flattert, oder einen Hund streicheln. Ihnen wird klar, dass die Welt der virtuellen Kommunikation, in die sie sich durch ihre sozialen Netzwerke und Smartphones begeben, nicht so interessant ist wie die Welt, die sich direkt vor ihren Füßen befindet.

Ich beobachte ganz ähnliche Wandlungsprozesse während der Mindful-Leadership-Retreats. Die Teilnehmenden empfinden die ersten Praxissitzungen, bei denen iPhones und Laptops verboten sind, als Entzug. Doch wenn wir dann den letzten Tag des Trainings erreichen, haben viele erfahren, dass man zu viel verpasst und verliert, wenn man sich fast jede Minute des Tages an die virtuelle Kommunikation bindet. Die

Entdeckung des Bildausschnitts, welches uns etwas über uns selbst erzählt, ist sehr oft die beste Pforte, um unsere Verpflichtung zu verstehen, das Gesamtbild zu sehen – und zu unserer Fähigkeit, es mitzugestalten.

Man kann diese Entdeckung kaum prägnanter schildern als George, Vorsitzender einer Bekleidungsfirma, der den Teilnehmenden des Retreats eines Sonntagnachmittags von seinen Erlebnissen am Vorabend erzählte. Am Ende der Meditationssitzung am Freitagabend begannen wir mit einer ausgedehnten Zeit der Stille, die am nächsten Tag enden sollte. Während der Stille würde es kein Fernsehen, keine iPhones, keine Computer und auch keine Gespräche geben.

Als wir am Samstagnachmittag die Stille auflösten und unsere Erlebnisse besprachen, ergriff George als Erster das Wort.

> Seit wir vor drei Tagen angefangen haben, habe ich nach jeder Sitzung bereits in der Minute, in der ich dieses Gebäude verließ und auf dem Weg in mein Zimmer war, in meine Tasche gegriffen, um mein Blackberry zu checken. Aber bevor ich gestern Abend zur Sitzung ging, verstaute ich es in meinem Koffer, weil ich wusste, dass wir während der Zeit der Stille keine elektronischen Geräte benutzen sollten. Als ich das Treffen verließ, griff ich gewohnheitsgemäß in meine Tasche. Das Blackberry war nicht da, und in dem Moment fiel mir ein, dass Janice etwas über den Nachthimmel gesagt hatte. Also schaute ich nach oben und sah die unglaubliche Pracht Tausender Sterne. Ich erstarrte, als mir klar wurde, dass ich die Sterne seit zwanzig Jahren nicht mehr gesehen hatte. Ich legte mich ins Gras und lies das alles auf mich wirken. Ich kann nicht sagen, wie lange ich dort blieb und ehrfürchtig den glitzernden Himmel betrachtete. Schließlich stand ich auf und ging ins Bett, aber als mein Wecker am Morgen klingelte, war der erste Gedanke in meinem Kopf … was habe ich noch alles verpasst, während ich auf mein Blackberry starrte?

Eine tiefe Stille erfasste den Kreis, während wir Georges Geschichte lauschten. Sie vermittelt uns einen Eindruck eines Bildausschnitts, der uns hilft, uns an das gesamte, an das größere Bild zu erinnern. Es ist nichts verkehrt an iPhones, Laptops oder Blackberrys. Wir brauchen diese Geräte in der heutigen Welt zum Arbeiten. Aber wenn sie unser Leben beherrschen und wir uns nicht bewusst entscheiden, sie auf eine lebensbereichernde Weise zu verwenden, verlieren wir einen Teil unserer selbst, und zwar zumeist den schönsten und reichsten Teil des menschlichen Seins.

Das Weltwirtschaftsforum

Ich habe mit Führungskräften aus allen Bereichen der Gesellschaft gearbeitet, die sich darum bemühen, auch bei der Festlegung kurzfristiger Ziele für ihr Unternehmen das große Ganze in Blick zu behalten – doch nirgends ist das Anliegen, diese größere Perspektive zu schaffen und positive Einflüsse zu setzen, deutlicher als auf dem Weltwirtschaftsforum. Das pittoreske Bergdorf Davos im Südwesten der Schweiz wird jedes Jahr für eine Woche zu einem Treffpunkt sondergleichen. Einflussreiche Menschen aus jedem Sektor der Weltgemeinschaft unternehmen die Reise mit Flugzeug, Bahn und Bus, um sich im Januar in den verschneiten Alpen zu einigen Tagen voller Gespräche und neuer Kontakte zu versammeln. Alles dreht sich um Möglichkeiten, die Welt zu verändern.

Auf den Fluren des Kongresszentrums und in Konferenzräumen der Hotels des Dorfes treffen sich Gruppen, um aufrichtig über die wichtigsten Probleme und Chancen, die sich derzeit in der Welt abzeichnen, zu sprechen. In Workshops und Ideenschmieden, beim Mittag- und beim Abendessen, auf den Fluren und in den Shuttlebussen finden diese Gespräche und Debatten fast ausschließlich unter Ausschluss der Öffentlichkeit statt. Medien sind auf bestimmte Plenarsitzungen beschränkt und die Teilnehmer werden angewiesen, Aussagen nicht mit Namen in Verbindung zu bringen, wenn sie später über eine Sitzung oder ein Gespräch reden. Diese Umstände tragen zu großer Offenheit bei. So entsteht eine Atmosphäre, in der couragiertes Leadership auflebt, eine Atmosphäre, die uns an das große Ganze erinnert und an die Tatsache, dass wir alle diese Erde gemeinsam bewohnen.

Unter den Teilnehmenden sind Premierminister, Könige, Prinzessinnen, Führungskräfte aus der Industrie, Künstler, Sozialunternehmer, Führungskräfte aus dem Non-Profit-Bereich, Musiker, Akademiker und Wissenschaftler sowie eine Gruppe ausgewählter junger Führungskräfte, zu deren Alumni Bill Clinton, Vladimir Putin und Angela Merkel zählen. Ich hatte die Ehre, 2013 zu dem Treffen eingeladen worden zu sein, um meine Arbeit in einem der Workshops des Forums vorzustellen und eine morgendliche Meditationssitzung zu leiten, die erste, die je in Davos angeboten wurde.

Die Vorbereitung für diesen Workshop war ein Abenteuer, das ich wohl niemals vergessen werde und bei der mir das alte Sprichwort „Überlege dir gut, was du dir wünschst" ziemlich nahe rückte. Einerseits gäbe es kaum eine großartigere Chance, das Achtsamkeitstraining einflussreichen Führungskräften mit potenziell enormem Welleneffekt vorzustellen. Andererseits würde ich einen Workshop zu Mindful Leadership anbieten in einer Zeit, in der Achtsamkeit hauptsächlich im Kontext eines Trainings zur Reduktion von Stress oder zum Umgang mit gesundheitlichen Problemen bekannt war, aber noch fast gar nicht als mentales Training für Führungskräfte. Es war absolut möglich, wenn nicht gar wahrscheinlich, dass ein geistiges Training zur Entwicklung von Konzentrationsfähigkeit, Klarheit, Kreativität und gelebter Empathie eine so ungewöhnliche Idee wäre, dass nur wenige sich zur Teilnahme entschließen würden. Trotzdem, ich wusste, wie entscheidend Achtsamkeit in der persönlichen Entwicklung von Führungskräften sein konnte, also ergriff ich die Gelegenheit.

Als mich die Organisatoren fragten, wie ich den Workshop gerne gestalten würde, entschied ich schnell, dass genügend Zeit wichtig wäre, um den Teilnehmenden eine mehrmalige direkte Erfahrung mit dem Training zu ermöglichen und nicht lediglich einen abstrakten Überblick zu liefern. Ich wollte nicht einfach eine Beschreibung des Trainings geben, das zur Entwicklung von Konzentration, Klarheit, Kreativität und Mitgefühl beiträgt. Ich wollte die Möglichkeit geben, es selbst auszuprobieren und sich auf einen Dialog einzulassen. Zudem wollte ich einen zusätzlichen

Moderator aus dem Bereich Achtsamkeit und Neurowissenschaft. Und so kam Professor Mark Williams in Spiel, Direktor des Oxford Mindfulness Center und Professor der klinischen Psychologie an der Universität von Oxford. Ich fühlte mich sehr geehrt, die Präsentation mit Mark zusammen zu halten, denn er ist nicht nur Experte auf seinem Gebiet, sondern darüber hinaus auch eine großartige Persönlichkeit. Ich berichtete über das Mindful-Leadership-Training und die Forschung zu Effekten am Arbeitsplatz. Mark stellte einige der neurowissenschaftlichen Forschungsarbeiten vor, die untersuchen, wie die Fähigkeit des Geistes, klar zu sehen und gute Entscheidungen zu treffen, von der Komplexität des modernen Lebens beeinträchtigt werden und wie Achtsamkeitstraining diesen schädlichen Effekten entgegenwirken kann.

Unser Selbsterfahrungsworkshop war für den Morgen des ersten Tages des Forums angekündigt. Ihn schon zu Beginn des Forums anzubieten würde denjenigen, denen die Praxis zusagte, erlauben, an morgendlichen Sitzungen in den folgenden Tagen teilzunehmen. Mark und ich kamen am Morgen des Workshops früh an und halfen dem Personal des Forums, einen Halbkreis von etwa fünfundzwanzig Stühlen aufzustellen und einige zusätzlich an der Wand zu stapeln.

Nun blieb uns nur noch abzuwarten, ob irgendjemand auftauchen würde.

Schließlich öffneten sich die Türen, und ein steter Strom von Menschen füllte den Halbkreis. Schon bald waren alle Plätze besetzt und die Mitarbeiter brachten zusätzliche Stühle. Als sich fast siebzig Menschen im Raum befanden, mussten die Türen geschlossen werden. Später trafen wir Leute, die uns erzählten, dass sie an der Tür abgewiesen wurden. Soviel dazu, dass sich niemand dafür interessieren würde, wie man mit mentalem Training Grundlagen für exzellentes Leadership schafft.

Als der Workshop begann, war ich wie vom Donner gerührt angesichts der Menschen, die sich vor Mark und mir versammelt hatten. Ich blickte in die Gesichter derer, die hergekommen waren, um etwas Neues auszuprobieren und sah eine Definition des großen Ganzen klarer als jemals zuvor. Repräsentiert im Raum war die absolute Diversität aus jedem erdenklichen Blickwinkel – Alter, Religion, Rasse, Ethnie, Geschlecht und mehr. Dies waren Menschen, deren Hintergründe und Verantwortlichkeiten sich über das ganze Spektrum menschlicher Bemühungen erstreckten, von Künstlern über Unternehmer bis hin zu Verlegern, Ökonomen und Adeligen. Alle waren gekommen, um etwas über ein mentales Training zu erfahren, bei dem es unter anderem darum ging, mehr in Kontakt zu kommen mit der eigenen Weisheit, unseren Mitmenschen und der Welt, in der wir leben und arbeiten. Noch nie war die universelle Anziehungskraft von Mindful-Leadership-Training deutlicher gewesen. Ich nahm mir einen Moment Zeit, um einfach nur mit diesem Erlebnis zu sein und zu atmen.

Der Workshop begann damit, dass ich das Diagramm vorstellte, das die Grundlagen von Führungsexzellenz darstellt – Konzentration, Klarheit, Kreativität und Mitgefühl (siehe Kapitel 3). Ich sprach darüber, wie Meditationspraxis und gezielte Pausen diese Grundlagen fördern und stärken. Mark stellte die kognitive neurowissenschaftliche Forschung vor und sprach über den Einfluss einer chaotischen Welt auf unsere Fähigkeit, optimale Entscheidungen zu treffen und die Dinge klar zu sehen. Dann sprach ich darüber, wie das Institute for Mindful Leadership dieses Training in Unternehmen aus aller Welt bringt.

Wir legten Pausen ein, um Meditation zu praktizieren, eine Reflexion über Führungsexzellenz zu machen und einen offenen Dialog zu führen. Die Gruppe war aufgeweckt, warmherzig und interessiert. Wie in jeder Gruppe, die ich je unterrichtet habe, wurden die allgemeinen Herausforderungen in Führungsrollen im einundzwanzigsten Jahrhundert bald offenkundig.

Unter den häufigsten Herausforderungen, die die Teilnehmenden nannten, war die Erkenntnis, dass wir zu viele Termine haben, stetig abgelenkt sind und uns kein Raum bleibt, um Veränderungen geschickt anzustoßen oder umzusetzen. Wir betreiben Multitasking, obwohl ein Teil von uns sehr wohl weiß, dass dadurch so vieles verloren geht. Selbst wenn wir Projekte abschließen, finden wir nicht die Zeit und den Raum, die Vollendung zu würdigen, sie im Kreis der Kollegen nachzubesprechen und aus Fehlern zu lernen. Es gibt nicht genügend Raum, um zu führen, nicht nur dafür, wie wir vielleicht führen wollen, sondern auch dafür, wie wir es *müssen*, um den wirtschaftlichen und globalen Herausforderungen unserer Zeit angemessen zu begegnen.

Was die Gruppe zudem sehr bewegte, war ein Eindruck von den persönlichen Kosten von so viel Ablenkung und Geschäftigkeit. Als ich die Geschichte eines erfolgreichen Mannes erzählte, dem durch seine Achtsamkeitspraxis klar wurde, dass er es in einem Großteil seines Lebens verpasst hatte, wirklich anwesend zu sein, erfüllte eine tiefe Stille den Raum, und ich sah viele Menschen langsam nicken, sich selbst in der Geschichte wiedererkennend. Sehr hart zu arbeiten, ohne dabei dem, was wir tun, wirklich unsere volle Aufmerksamkeit zu widmen, hinterlässt ein Gefühl der Leere in uns, und das wissen wir.

Als der Workshop vorbei war, blieben viele Leute, um persönlich mit uns über ihre Erfahrungen zu sprechen. In den nächsten vier Tagen hatte ich noch oft Gelegenheit, mit Menschen zu sprechen, die den Workshop besucht hatten; ich traf sie auf den Fluren, im Speisesaal oder in anderen Sitzungen. Sie erzählten mir inspirierende, wegweisende Geschichten und auch von unglaublichen Herausforderungen.

Ein junger Mann aus Afrika sprach mit mir über seine Hoffnung, Achtsamkeitstraining in die neue Generation von Führungskräften in seinem Land bringen zu können. Die landläufige Meinung lautet dort, dass jeder, der über vierzig und in einer Führungsposition ist, bereits korrupt ist. Die jungen Menschen wollen eine andere Art von Leadership. Eine Frau sprach von ihrer Hoffnung, dieses Training könne helfen, die Benachteiligung von Frauen in ihrem Heimatland im Mittleren Osten aufzuheben. Einige Leute berichteten von der Not in ihren Unternehmen durch die unsichere Wirtschaftslage und die Traurigkeit, die sie verspürt hatten, als sie Fabriken schließen und Menschen entlassen mussten. Sie fragten sich, ob Mindful-Leadership-Training einen Einfluss auf die Geschehnisse haben könnte, die zu diesen Entscheidungen geführt hatten. Manche, mit denen ich sprach, hatten schlichtweg einen Punkt erreicht, an dem sie müde waren und einen neuen Weg finden mussten, mit der Komplexität ihres Lebens und den immer weiter zunehmenden Verantwortlichkeiten ihrer Führungsposition umzugehen.

Eine Mutter aus dem Mittleren Osten mit einem autistischen Kind sprach darüber, dass sie keine Betreuung zu ihrer Unterstützung bekommen konnte. Sie fragte sich nun, ob sie bei einem Training in einem Mindful-Leadership-Retreat etwas lernen könnte, was nicht nur ihr, sondern auch ihrem Kind helfen würde.

Ich war von diesen Gesprächen tief berührt. Entgegen der üblichen Darstellung von Führungskräften als bloße Marionetten für den Erfolg ihres Unternehmens, ihrer nächsten Kampagne, ihrer öffentlichen Persona oder der eigenen Bereicherung waren hier Menschen versammelt, die ihre Führungsrolle besser ausfüllen wollten, um etwas zum Besseren zu wenden. Die Mischung der Menschen war außergewöhnlich, doch es gab eine gemeinsame Motivation: Sie konnten das große Ganze erkennen und was sie sahen, gefiel ihnen nicht. Und zum Glück hatten sie genug Schwung, Bildung, Einfluss und Leidenschaft, um sich an einen neuen Entwurf zu wagen.

In der Falle

Auf welche Weise auch immer, im Mindful-Leadership-Training erfahren alle etwas Neues über sich. Selbst in dem kleinen Vorgeschmack auf das Training, den ich in dem Workshop vermitteln konnte, machte einer der Teilnehmer eine wichtige Entdeckung. Nathan, ein junger Geschäftsmann, suchte mich am nächsten Tag auf, um über seine Erfahrung bei dem Workshop zu sprechen. Er lächelte über beide Ohren: „Ich muss Ihnen sagen, dass Sie mein Leben verändert haben." Zwar kann ich für nichts garantieren, aber aus meiner eigenen, über fünfzehnjährigen Erfahrung als Vizepräsidentin weiß ich, dass gute Führungskräfte etwas, was sie berührt hat, nicht mehr so leicht aus der Hand geben. Hier ist Nathans Geschichte:

Ich hatte mich gerade auf meinem Stuhl niedergelassen, meinen Laptop und mein Handy auf dem Schoß, damit ich erinnernswerte Erfahrungen aus dem Workshop twittern konnte. Ich mache das immer bei Seminaren und Präsentationen. Auf diese Weise lasse ich Menschen, die ich kenne, am Forum teilhaben, und darum war ich auch nicht sehr erfreut, als Sie uns baten, die Laptops wegzulegen und die Telefone auszuschalten. Tatsächlich war ich sogar wirklich ziemlich wütend, und mein Ärger wuchs noch, als Sie anfingen zu sprechen.

Ich hatte beschlossen, dass ich gehen würde, dass das einfach nichts für mich war, und da der Raum voll war, würde es niemanden stören, wenn ich mich einfach zur Hintertür hinausschlich. Gerade als ich nach meinem Laptop auf dem Boden griff, baten Sie uns, still zu sein, um die erste Meditation zu beginnen. Jetzt saß ich in der Falle, weil ich ja beim Aufstehen einigen Lärm verursachen würde.

Ich schloss die Augen und fing an, Ihrer Anleitung für die Meditation zuzuhören. Zuerst bemerkte ich bloß, wie wütend ich war und dass mein Körper sich eng und unbehaglich anfühlte. Aber während die Meditation weiterging, nahm ich wahr, wie sich etwas entspannte, nicht nur in meinem Körper, sondern auch in dem Ärger selbst. Ich wurde neugierig, was wohl als Nächstes geschehen würde während der weiteren Sitzung, also entschied ich mich, dazubleiben, auch wenn ich jetzt die Möglichkeit hatte, mich rauszuschleichen.

Als wir das nächste Mal praktizierten, fühlte ich mich bereits ruhiger und ich fragte mich, wie oft meine Reaktion auf etwas Unerwartetes oder Unbequemes die ist, einfach wegzurennen. Ich fragte mich auch, wie oft ich wohl etwas verpasse, wenn ich das tue. Ich möchte mich jetzt auf das Abenteuer einlassen und herausfinden, was passiert, wenn ich nicht weglaufe. Was passiert, wenn ich einfach neugierig bleibe? Was werde ich wohl entdecken?

Nathan war nach Davos gekommen, weil er sich für das große Ganze und das Potenzial, auf einige der Komplexitäten der heutigen Welt Einfluss zu nehmen, interessierte. Er entdeckte im Rahmen des Mindful Leadership, dass wir zuerst verstehen müssen, wie unsere Gedanken und

Gefühle unsere Wahrnehmung beeinflussen, bevor wir unsere mögliche Rolle im größeren Kontext entdecken können. In diesem Workshop fand Nathan etwas über sich selbst heraus, das sein Potenzial zu Klarheit und exzellentem Leadership vielleicht beeinträchtigt hatte. Indem er sich seiner Reaktionen auf Dinge, die ihm Unbehagen bereiten, bewusster wird, wird er in der Lage sein, das große Ganze zunehmend vollständiger zu erkennen – und dadurch vielleicht auch mehr Möglichkeiten haben, positive Einflüsse zu setzen.

Mindful Leadership Methoden und das große Ganze

Es ist leicht, von den Einzelheiten Ihres Lebens so absorbiert zu werden, dass Sie den Blick auf das große Ganze verlieren. Das ist genau der Punkt, an dem Ihnen die Meditationspraxis und die gezielten Pausen helfen können, sich lange genug aus den Details herauszuziehen, um die wichtigen Fragen zu stellen. Wenn Sie vertrauter damit werden, Ihre Gedanken, Gefühle und Körperempfindungen wahrzunehmen, werden Sie auch feinfühliger für Situationen, die danach rufen, dass Sie sich zuerst das gesamte Bild vergegenwärtigen, bevor Sie eine Entscheidung treffen.

Der Moment des Innehaltens, der mit der Entscheidung, zu praktizieren oder eine gezielte Pause zu machen, einhergeht, kann Raum für wichtige Fragen oder Entscheidungen schaffen. In dieser Weite erinnert man sich oft erst wieder daran, dass Haltungen wie „Gewinnen um jeden Preis", „Alles oder nichts", „Schwarz oder weiß" oder „Mein Weg oder gar keiner" im Moment gar nicht angebracht sind.

Der Blick auf das große Ganze erinnert uns an unsere Verbundenheit, unsere Verantwortlichkeiten und unsere enorme Fähigkeit, aufgeschlossen und mitfühlend zu sein. Er erinnert uns an die Möglichkeit, etwas zu bewirken.

Die Chance, etwas bewirken zu können, ist es, die die meisten von uns morgens aus den Federn bringt. Wir möchten, dass es bei unserem Beitrag um mehr geht als um den Gehaltsscheck oder die nächste

Beförderung. Wir wollen wissen, dass das, was wir tun, wirklich etwas bedeutet – für andere Menschen oder für etwas, das größer ist als wir selbst. Wenn wir lange genug innehalten, um tief in uns hineinzulauschen, können wir manchmal ein gewisses Ziehen spüren. Vielleicht ist es Ihnen schon in Ihrer Meditationspraxis begegnet. Es ist etwas Vertrautes an diesem Gefühl, und es ist etwas sehr Grundlegendes in unserem Dasein. Es rührt von der Perspektive des größeren Bildes und der Erkenntnis her, dass wir alle miteinander verbunden sind, alle Teil der gleichen Szenerie. Das gilt für jeden. Wir alle können auf die eine oder andere Weise auf unsere Welt Einfluss nehmen. Wenn wir uns in einflussreichen Positionen befinden, haben wir die Chance, unsere Bildung, unsere Kreativität und unseren Zugang zu Ressourcen zu nutzen, um wirklich etwas in der Welt in Bewegung zu bringen. Es ist Verantwortung und Privileg zugleich von Führungskräften.

Kapitel 15

Entfalten Sie Ihr volles Potenzial als Führungspersönlichkeit

Jeder trägt in seinem Innern eine gute Nachricht.
Die gute Nachricht ist, dass du nicht weißt, wie großartig du sein kannst! Wie sehr du lieben kannst! Was du vollbringen kannst! Und was dein Potenzial ist!

ANNE FRANK

Die mentale Entwicklung, auf die die Meditationen, Reflexionen und gezielten Pausen des Mindful Leadership ausgerichtet sind, kann Sie mehr und mehr in den Menschen verwandeln, der Sie im eigentlichen Sinne sind. Indem das Training zu einem integralen Bestandteil Ihres Lebens wird, hat der resultierende Welleneffekt das Potenzial, auch Ihr Unternehmen und Ihr gesamtes Umfeld zu verwandeln. Ich habe diese Wandlung an mir selbst erlebt, in Unternehmen, deren Mitarbeiter ich unterrichtete, und während Retreats des Instituts mit Führungskräften aus aller Welt.

Wie geht diese Wandlung vor sich?

Bei den meisten Menschen Schritt für Schritt. Zunächst sind viele von dem schlichten Akt des Innehaltens beeindruckt. Auch wenn wir vielleicht bereits einen vagen Eindruck unserer permanenten Geschäftigkeit haben, müssen wir doch zuerst einmal für eine Weile elektronische

Geräte und andere Ablenkungen beiseitelegen, bevor wir anfangen, Körper und Geist und unser Herz wieder zu bewohnen. Tägliche Meditation lädt dazu ein, regelmäßig Zeit in unserer eigenen guten Gesellschaft zu verbringen und dabei festzustellen, wie es uns *wirklich* geht – nicht, wie wir oder andere denken, dass es uns geht. Vielleicht treffen wir auf Erschöpfung, Schmerzen und Kummer, ungeklärte Gedanken oder nicht anerkannte Gefühle. Vielleicht halten wir auch lange genug an, um tiefe Dankbarkeit zu empfinden für das Leben, das uns gegeben wurde, und die vielen Segen, die wir darin erfahren. Vielleicht werden uns auch konditionierte Verhaltensweisen bewusst, mit denen wir auf Emotionen oder Umstände reagieren. Oder vielleicht sehen wir, wie wir unsere Prinzipien leugnen oder die wichtigen Dinge im Leben konstant ignorieren, weil etwas anderes gerade dringender erscheint.

Das Reich des Geistes, das, wie wir gesehen haben, viel mehr umfasst als den Gebrauch des analytischen Verstandes, wird zu einem neu zu erforschenden Grenzgebiet, in dem uns jeden Tag neue Entdeckungen erwarten. Diese Erkundung ist keine reine Vergnügungsreise. Wenn wir so direkt mit uns selbst, unseren Mitmenschen und unserer Lebens- und Arbeitsumgebung konfrontiert sind, sehen wir schließlich oft Dinge, die wir lange Zeit von uns geschoben oder ignoriert haben, manchmal jahrzehntelang. Allerdings entwickeln wir neben Klarheit und Konzentrationsfähigkeit auch Kreativität und Mitgefühl. Wir können unsere vielfältigen Ressourcen freilegen und Momente unglaublicher Freude und Friedlichkeit erleben, die uns eigentlich schon seit jeher zur Verfügung stehen, auch wenn wir sie kaum jemals wahrgenommen haben.

Wir können den Raum schaffen, uns bewusst dafür zu entscheiden, was wir erkunden wollen, und schließlich Einsichten und Verständnis gewinnen. Wir können diesen Entdeckungen mit der Offenheit und dem Mut begegnen, die kreative Wege auszeichnet. Entscheidend ist es auch, die Wichtigkeit von Mitgefühl bei der Entwicklung von Exzellenz sowohl im Kontext von Leadership als auch im Leben an sich zu verstehen. Mitgefühl ermöglicht uns, das Leiden um uns herum als etwas zu begreifen, das alle betrifft, und unser eigenes Leiden als einen Teil unserer selbst, dem wir freundlich und behutsam Anerkennung und Beachtung schenken können.

Ebenso bedeutsam ist es, wenn sich uns durch das Training neue Wege eröffnen, wie wir mit unserem Erleben in Beziehung treten können. Wir bemerken Angst und, anstatt sie zu vergraben, wenden wir uns ihr behutsam zu, akzeptierend und interessiert. Wir lernen, die momentane Realität zu erkennen und anzunehmen, genauso wie sie eben gerade ist.

Der nächste Schritt ist, auszuloten, ob Sie sich in bestimmter Hinsicht klüger verhalten können als bisher. So könnten Sie beispielsweise feststellen, dass Sie, wenn Sie sich aufgeschlossen der Angst zuwenden, sich nicht mehr so anzustrengen brauchen, um sich von dem Gefühl abzulenken. Oder Sie könnten zu der Einsicht gelangen, dass Angst auf einer Reihe imaginärer Konsequenzen beruht, die höchstwahrscheinlich nicht eintreffen werden.

Wenn Sie etwas Erfahrung mit Ihrer Praxis gesammelt haben, stellen Sie wahrscheinlich fest, dass meistens nur eine kleine Veränderung notwendig ist. Ob sie nun darin besteht, sich mitfühlend gegenüber einer als schwierig empfundenen Person zu verhalten, oder darin, eine innere Geschichte aufzugeben, mit der Sie an einem Alltag voller Termine festgehalten haben, oder darin, hinter Ihre Agenda zurückzutreten, um das größere Bild sehen zu können: Ein kleines Experiment kann große Veränderungen hervorbringen. Mindful Leadership verlangt nicht von Ihnen, alles und alle um Sie herum zu verändern. Es lehrt Sie, sich dessen, was ist, bewusster zu werden, und es lädt Sie dazu ein, mit gezielten Entscheidungen für kleine Veränderungen zu experimentieren. Oft werden Sie durch die Übungen neue, angemessenere Wege finden, jedem Moment zu begegnen. Sie lernen immer weiter, und Sie stärken und entwickeln die Ihnen innewohnende Kapazität zu Konzentration, Klarheit, Kreativität und gelebtem Mitgefühl. Dies hilft Ihnen, zwei weitere wertvolle Fähigkeiten zu fördern: den *Kontakt* zu sich selbst, zu anderen und zu ihrem größeren Umfeld und die *Initiierung von Veränderung* auf respektvolle, behilfliche und kreative Weise.

Die Wirkung von Führungspräsenz auf unsere Welt

Wenn Sie sich in einer einflussreichen Position befinden, also eine Führungskraft im Sinne dieses Buches sind, und die Praxis in Ihre alltäglichen Verantwortlichkeiten integrieren, wird das schon bald einen Effekt auf Ihre Mitmenschen und auch Ihre Entscheidungen haben. Nach wenigen Tagen täglicher Praxis werden Sie wahrscheinlich feststellen, wie viel eher Sie bereits in der Lage sind, zu bemerken, wenn Sie nicht präsent sind, etwas nur der Form halber tun oder nur mit halber Aufmerksamkeit dabei sind. Und Sie merken vielleicht schon, wie Sie mithilfe des Trainings Ihre Aufmerksamkeit wieder ganz in den Moment zurückbringen. Diese ungeteilte Aufmerksamkeit wird beeinflussen, wie Sie den Tag erleben und ebenso wie andere Menschen Begegnungen mit Ihnen während des Tages empfinden.

Ihre Aufmerksamkeit zurückzubringen bedeutet auch, dass Sie immer mehr Ihrer Fähigkeiten nutzen werden anstatt nur zwanzig Prozent, während die restlichen achtzig in Gedanken über Vergangenes oder Zukünftiges verschwinden. All Ihre Fähigkeiten zu nutzen bedeutet auch, Ihre Führungsprinzipien und Ihre Auffassung von Wichtigkeit miteinzubeziehen. Sie hören den anderen mit voller Aufmerksamkeit zu. Sie bemerken den Impuls, etwas „abhaken" zu wollen, und stattdessen entscheiden Sie sich, mutig genug zu sein, um die Vieldeutigkeit einer neuen Situation eine Weile auszuhalten und zu warten, bis sich der aufgewirbelte Staub gesetzt hat, bevor Sie eine Entscheidung treffen. Sie verkörpern Führungspräsenz.

Was ist Führungspräsenz?

Es ist die Fähigkeit eines Menschen, vollständig präsent zu sein. Man kann sie an sich selbst und anderen spüren. Jemand, der Führungspräsenz verkörpert, ist:

nicht urteilend
aufgeschlossen
warmherzig
sich seiner selbst bewusst
geduldig
bescheiden
hilfsbereit
mitfühlend

Kommt Ihnen das bekannt vor? Vielleicht haben Sie bei der Reflexion über Führungsexzellenz in Kapitel 3 eine ganz ähnliche Liste erstellt.

Wenn wir Führungspräsenz entwickeln, drehen wir uns nicht länger bloß um die Frage: „Was willst du machen, wenn du groß bist?" Uns interessiert nun mindestens genauso sehr die Frage: „Wer willst du sein, wenn du groß bist?"

Die erste Frage danach, was wir tun wollen, ist begrenzt, eng und durch die äußere Welt beschränkt. Die zweite Frage danach, wer wir sein wollen, ist grenzenlos, inspirierend und erfordert innere Arbeit. Wenn wir unseren Geist lehren, Konzentration, Klarheit, Kreativität und Mitgefühl zu entwickeln, finden wir den inneren Raum, aus dem heraus wir eine Führungsrolle übernehmen können. Und in diesem Raum haben wir auch den Platz, Entscheidungen zu treffen, die uns der Person näherbringen, die wir einmal sein wollen, wenn wir groß sind.

Eines Morgens las ich ein Interview mit James Hackett, dem CEO von Steelcase. Als er nach seiner denkwürdigsten Lektion in Bezug auf Leadership gefragt wurde, bemerkte er, er habe im Laufe seiner Arbeit viele CEOs getroffen, und ihm sei aufgefallen, dass die wirklich Effektiven unter ihnen, echte Führungskräfte im wahrsten Sinne des Wortes, keine „Fertigprodukte" waren. Aus seiner Sicht strahlten die Großartigen unter den Führungskräften ein „Gefühl des Friedens" aus, „diese Art von Selbstbewusstsein, das sagt, ich verstehe, wer ich bin'".

Ich war berührt von seinen Worten und davon, wie sehr sie mit meinen eigenen Erfahrungen der letzten fünfundzwanzig Jahre resonierten. Allem

Anschein nach ist die Aufforderung simpel, sich seiner selbst bewusst zu werden und Authentizität bei der Arbeit zu verkörpern. Einfach man selbst sein – klingt ganz einfach, oder?

Aus der Mindful-Leadership-Praxis wissen wir, dass „sich seiner selbst bewusst werden" einfach klingt, aber durchaus nicht leicht ist. Zu den Herausforderungen des mentalen Trainings kommen noch die Umstände hinzu, die man in der heutigen Welt beim Hineinfinden in eine Führungsrolle antrifft. Auf dem Weg zu einer einflussreichen Position in Unternehmen und anderen Gruppierungen gibt es viele Verlockungen, doch mehr wie jemand anderes zu sein, und Momente, die dazu verleiten, das Bauchgefühl zu ignorieren und jene Werte und ethischen Grundsätze, denen man sich tief verpflichtet fühlt, zu vernachlässigen. Da gibt es die ungeschriebenen Gesetze des Unternehmens, die Geschichten über die Wichtigkeit von „Managing up", den Druck, die Quartalszahlen zu erreichen, Aufforderungen, „etwas zu tun", auch wenn Geduld gerade angebrachter ist, und Aussagen darüber, was auf dem Markt „üblich" sei als Rechtfertigung für Handlungen, mit denen man Grauzonen betritt. In solchen Momenten braucht man Kraft und Mut, um wirklich bei sich zu bleiben. Es ist nicht leicht, aber die Entscheidung dafür, so stellt sich heraus, ist doch einfach. Es ist eine einfache Entscheidung, denn wenn die Entscheidungen, die man trifft, nicht mit der eigenen Identität im Einklang stehen, geht ein kleines Stück von einem verloren, vielleicht für immer.

Reflexion: Wer wollen Sie sein?

Ich leitete während einer Auffrischungssitzung für Mindful-Leadership-Alumni eine Gruppe von erfahrenen Führungskräften durch diese Reflexion und war sehr bewegt von den Antworten am Ende der Sitzung. Es ist eine Reflexion, bei der Sie zu einem Check-in mit sich selbst eingeladen sind, um zu sehen, ob Sie sind, wer Sie sein wollen, und das Leben führen, das Sie sich wünschen.

Finden Sie eine bequeme Sitzhaltung, die Füße flach auf dem Boden und die Hände auf dem Schoß. Schließen Sie sanft Ihre Augen und beginnen Sie mit der Atempraxis. Wenn sich Körper und Geist in der Stille niedergelassen haben, sprechen Sie sanft den folgenden Satz von David Whyte:

Es kommt eine Zeit, in der du erkennst, dass du dich Dingen verschrieben hast, die einfach zu klein sind.

Welche Empfindungen, Gedanken und Gefühle tauchen auf? Welche Worte resonieren in Ihnen?

Denken Sie daran, bei der Arbeit mit einer Reflexion die ersten ein oder zwei reflexhaften Antworten ruhig erst einmal beiseitezuschieben, und wiederholen Sie den Satz noch einmal, offen und gespannt, was auftauchen mag.

Nehmen Sie sich Zeit. Kehren Sie nochmals zur Atempraxis zurück, wenn Sie feststellen, dass Sie mit Bewertungen oder Analysen beschäftigt sind. Wenn der Geist konzentrierter wird, wiederholen Sie den Satz nochmals und beobachten Sie, was sich zeigt.

Vielleicht hat Sie die Formulierung „du erkennst" daran erinnert, wie viel klarer wir sehen, wenn wir präsent sind. Oder daran, dass man manchmal Einsichten gewinnt, indem man im Leben Raum für die innere Weisheit schafft, statt sich lediglich auf die diskursiven Fähigkeiten des Verstandes zu verlassen.

Oder vielleicht haben Sie sich nach der Definition von „klein" gefragt: Was ist zu klein? Ist es etwas, das andere Ihnen aufgetragen haben? Oder etwas, von dem jemand gesagt hat, dass Sie es tun sollen, weil Sie gut darin sind? Ist es etwas, das Sie nicht ganz in Ihrem Potenzial fordert oder Ihre Begeisterung entfacht? Oder ist es etwas, das so sehr auf kurzfristige Ziele ausgerichtet ist, dass es das größere Ganze ignoriert?

Sie mögen sich gefragt haben, was etwas *klein* macht. Hängen Sie am Status quo? Sind Sie ängstlich? Würde mehr Weite zu mehr Größe führen? Geht es in Ihrer Führungsrolle wirklich darum, diese Größe einzuladen?

Wie ist es mit der Formulierung „sich verschrieben haben"? Haben Sie sich allem verschrieben? Oder gar nichts?

Einige von uns sind zeit ihres Erwachsenenlebens auf einer vorgeschriebenen Flugbahn unterwegs. Ist das immer noch ein gangbarer Weg? Gibt es Aspekte, die nicht mehr länger nährend oder an den eigenen Prinzipien und Leidenschaften ausgerichtet sind – oder es nie waren? Wenn wir uns für das *Was* unserer Arbeit begeistern, müssen wir dennoch etwas am *Wie* ändern? Wo sind die Win-win-win-Gelegenheiten: gut für das Unternehmen, die Mitarbeiter und die Allgemeinheit? Wie bringen wir Größe in unsere Führung?

Wenn Sie so weit sind, nehmen Sie sich Zeit, um Ihre Antworten aufzuschreiben. Der Akt des Schreibens kann oft hilfreich sein, die in der Reflexion aufgetauchten Worte zu klären und zu vertiefen. Wenn Sie sich nun Ihre Worte anschauen: Haben Sie sich Dingen verschrieben, die einfach zu klein sind? Wenn ja, was wäre ein Schritt auf etwas Großes zu, den Sie in dieser Woche machen wollen?

Der Welleneffekt

Ich möchte noch einen letzten Gedanken mit Ihnen teilen. Unterschätzen Sie niemals den Welleneffekt. Jeder Mensch besitzt die Fähigkeit, mit Exzellenz zu führen. Exzellenz im Kontext von Leadership kommt von der Entwicklung von Selbstbewusstheit und dem notwendigen Raum, um konzentrierte, klare, mitfühlende und kreative Entscheidungen zu treffen. Jede Entscheidung, die Sie treffen, hat das Potenzial, einen Welleneffekt zu erzeugen, der den Status quo ändert, und Sie können einfach nicht abschätzen, wie weit sich die Wellen ausbreiten.

Unsere Welt braucht achtsame Führungskräfte, Menschen, die Führungspräsenz verkörpern. Wir brauchen Führungskräfte, die nicht nur sich selbst gut kennen, sondern zudem keine Angst haben, mit offenem

Herzen zu leben, und die Charakterstärke besitzen, moralisch integre Entscheidungen zu treffen. Die Probleme, die wir überall sehen, sind nicht unüberwindbar, aber sie erfordern eine neue Führungskultur. Wenn Sie weiterpraktizieren und immer mehr ganz und gar an Ihrem Leben teilnehmen, werden Ihnen wahrscheinlich auch immer mehr Möglichkeiten begegnen, das Leben anderer zu beeinflussen, in Ihrem Team, Ihrem Unternehmen, Ihrer Familie und in der Welt. Ein kleiner Schritt ändert den ganzen Tanz, und eine kleine Veränderung hat das Potenzial, eine bessere Welt zu erschaffen. Sie haben die Wahl. Viel Freude auf der Reise!

Danksagung

Niemals hätte ich gedacht, dass ich eines Tages in der Leitung eines Unternehmens mitarbeiten würde, ebenso wenig, dass ich Mindful-Leadership-Retreats und Kurse entwickeln und leiten oder zu diesem Thema ein Buch schreiben würde. Und ich hätte es auch nicht getan ohne die Hilfe, Weisheit und Ermutigung vieler wunderbarer Menschen. Diese Menschen lassen sich entlang dreier wichtiger Fäden einordnen, die mich, eng ineinander verschlungen, an diesen Punkt in meinem Leben gebracht haben.

Der erste ist der Faden von Rechtspraxis und Führungstätigkeit. Meine Laufbahn wurde von jedem Kollegen und Klienten, dem ich begegnet bin, beeinflusst, von Tausenden wundervollen Menschen im Verlauf der letzten fünfundzwanzig Jahre. Und jede Erfahrung war ein Übungsfeld für mich, um zu lernen und zu wachsen. Obwohl diese Menschen zu zahlreich sind, als dass ich sie hier mit Namen nennen könnte, möchte ich meine tiefe Dankbarkeit gegenüber all jenen ausdrücken, die es mir ermöglichten, an den Schwierigkeiten und Freuden der Führungstätigkeit in der heutigen Welt teilzuhaben.

Der zweite Faden ist mein Achtsamkeits-Faden. Ich hatte das Glück, Achtsamkeit durch Jon Kabat-Zinn kennenzulernen, und ich bin Jon sehr dankbar für seine Ermutigung und Unterstützung während der letzten zehn Jahre. Zutiefst dankbar bin ich auch Saki Santorelli, der mich geduldig durch meine sich weiterentwickelnde Praxis führte und mich die hohe Kunst lehrte, Achtsamkeit zu unterrichten, seit wir für die Entwicklung des ersten Mindful-Leadership-Retreats zu Partnern wurden.

Die Retreats, Kurse und Begleitungsangebote, die jetzt das Herzstück des Institute for Mindful Leadership sind, wurden durch das Interesse und die Offenheit meiner Kollegen bei General Mills weiterentwickelt und verfeinert. Ich bin den Angestellten, Leitern und Managern sehr dankbar, die das Mindful-Leadership-Training ausprobierten, hilfreiche Fragen bezüglich der persönlichen Praxis stellten und sowohl ihre Ideen als auch ihre Begeisterung dafür teilten, das Training noch weiter in die Herausforderungen des modernen Leadership und auf alle Unternehmensebenen zu integrieren. Es ist mir eine große Ehre, mit Ihnen allen auf diesem Weg zu sein.

Den Mut zu dem Schritt, meine Position bei General Mills aufzugeben und das Non-Profit-Institut für Mindful Leadership zu gründen, konnte ich nicht zuletzt mithilfe der Unterstützung lieber Freunde finden. Das waren die Menschen, die an die Mission des Instituts geglaubt und mitgeholfen haben, es Wirklichkeit werden zu lassen: Susan Albers, Sandy Behnken, Vikram Ghosh, Jim Gimian, Autumn Huiras, Mariann Johnson, Florence Meleo-Meyer und Terry Pearson. Ich danke euch allen dafür, an diesem Vertrauen festgehalten zu haben, besonders in Zeiten, in denen mein Geist von Sorgen und Zweifeln erfüllt war. Und als das Institut Realität geworden war, hatte ich das große Glück, von den talentierten Mitgliedern des ersten Vorstands des Instituts umgeben zu sein: Patricia Barrick, Joe Ens, Jim Gimian, Peter Krembs, Anita Lauricella und Peter Thompson. Vielen Dank für eure kostbaren Ratschläge und eure Großzügigkeit.

Dieses Buch verdankt seine Existenz einem äußert fähigen und professionellen Team. Danke an Jim Gimian für seine sachkundige Hilfe und Unterstützung während der Planungsphase des Buches und des gesamten Prozesses. Danke an meine Agentin Stephanie Tade für den Kontakt zu einem großartigen Verleger, Bloomsbury Publishing. Danke Peter Ginna, meinem Herausgeber, für seine einsichtsreichen Kommentare und Vorschläge sowie seine Begeisterung für das Projekt. Und danke an das gesamte Bloomsbury Team, das dafür verantwortlich war, es in den Druck und in die Regale zu bringen, besonders George Gibson, Rob Galloway, Nikki Baldauf, India Cooper, Laura Keefe, Summer Smith, Marie Coolman, Cristina Gilbert und Derek Stordahl.

Ich möchte Barry Boyce, meinem Entwicklungsredakteur und Freund, meinen besonderen Dank aussprechen, dessen weises und hilfreiches Lektorat das Buch nicht nur besser machte, sondern diese Schreiberfahrung in eine Erfahrungs- und Lernreise verwandelte. Es war ein Privileg, mit jemandem zu arbeiten, der den Weg der Achtsamkeit so klar und entschlossen beschreitet.

Der letzte meiner drei Fäden ist der am längsten bestehende und fängt bei meinen liebevollen Eltern an, Joseph und Gloria Marturano, sowie meinen besten Freunden, meinem Bruder Tom und meiner Schwester Diane. Ich fühle mich in diesem Leben auf vielerlei Weisen gesegnet, aber kein Segen ist so groß wie der, Teil einer liebevollen Familie zu sein. Danke an alle Mitglieder der Familien, denen ich angehöre: Marturano, Thompson, Lauricella, Cioce, Gemborys, Capasso und Dobroski. Eure Liebe und Unterstützung sind die Quellen, aus denen ich seit jeher Kraft und Mut schöpfe.

Das Juwel, um das sich diese Fäden wickeln, ist meine engste Familie: mein Ehemann Peter Thompson und meine Kinder Brian Marturano Thompson und Lauren Marturano Thompson. Danke Brian und Lauren, nicht nur für die Versorgung mit Grüntee während langer Tage des Schreibens, sondern auch für eure stete Liebe und euer Verständnis.

Peter, ich finde keine Worte, um der tiefen Dankbarkeit und Liebe, die ich für dich empfinde, angemessen Ausdruck zu verleihen. Großzügig hast du mit mir deine Liebe, deine Weisheit, deine unverbrüchliche Unterstützung und deine Geduld geteilt. Unser Leben, einschließlich dieses Buchs und der Arbeit des Instituts, ist aus unserer außergewöhnlichen Partnerschaft entstanden. Und nichts auf diesem Weg wäre ohne dich geschehen. Ich bin unendlich dankbar.

ANHANG 1

Index der Meditationen, Reflexionen und gezielten Pausen

Meditationen

Reflexionen

Gezielte Pausen

ANHANG 2

Eine persönliche Praxis entwickeln

Woche	Meditationen [mindestens zwei zehnminütige Meditationen pro Tag]	Gezielte Pausen	Reflexionen
1	Atem- und Geräuschmeditation	drei Mal täglich	
2	Schreibtischstuhl-Meditation	drei Mal täglich	Was ist exzellentes Leadership?
3	Atem- und Geräuschmeditation und Schreibtischstuhl-Meditation im Wechsel	drei Mal täglich	Kalenderreflexion
4	Achtsame Kommunikation: Sich selbst zuhören Gehmeditation	vier Mal täglich (einschließlich der Kalenderreflexion)	Reflexion über Inspiration
5	Meditation über Gefühle und Gedanken	vier Mal täglich	Welches sind Ihre Führungsprinzipien?

Woche	Meditationen [mindestens zwei zehnminütige Meditationen pro Tag]	Gezielte Pausen	Reflexionen
6	Achtsame Kommunikation: anderen zuhören Meditation über Freundlichkeit	fünf Mal täglich (einschließlich einer achtsamen Besprechung)	Wer (nicht was) wollen Sie sein?
7 und danach	Wählen Sie täglich zwei beliebige Meditationen. Verlängern Sie die Zeit, in der Sie praktizieren.	Fügen Sie weitere gezielte Pausen hinzu (einschließlich Erwartungen loslassen)	Verwenden Sie die Reflexionspraxis für eine beliebige wichtige Frage in Ihrem Leben.

Wichtiger Hinweis

Die Ratschläge zur Selbstbehandlung in diesem Buch sind von der Autorin sowie dem Verlag sorgfältig erwogen und geprüft worden. Dennoch kann eine Garantie nicht übernommen werden. Bei ernsthafteren oder länger anhaltenden Beschwerden sollten Sie auf jeden Fall einen Arzt, Psychotherapeuten, Psychologen oder Heilpraktiker Ihres Vertrauens zu Rate ziehen. Eine Haftung der Autorin oder des Verlages für Personen-, Sach- und Vermögensschäden ist ausgeschlossen.

Über die Autorin

Janice Marturano ist Gründerin und leitende Direktorin des Institute for Mindful Leadership, einer Non-Profit-Organisation, die sich der Ausbildung und Begleitung von Führungskräften im Bereich Achtsamkeit und exzellentes Leadership widmet. Sie gründete das Institut im Dezember 2010, nachdem sie ihre fünfzehnjährige Amtszeit als Vizepräsidentin, Beraterin für Rechtsangelegenheiten und stellvertretende Syndikusanwältin bei General Mills Inc. beendet hatte.

Während ihrer Tätigkeit im Leitungsteam bei General Mills war Janice zeitgleich maßgeblich an der Entwicklung des ersten Mindful-Leadership-Curriculums am Center for Mindfulness der University of Massachusetts Medical School beteiligt und dort ehrenamtliches Mitglied des Beirats. Als zertifizierte Achtsamkeitslehrerin und erfahrene ehemalige Mitarbeiterin eines Fortune-200-Unternehmens hat sie das intensive Mindful-Leadership-Training Führungskräften aus Organisationen aller Art nahegebracht – von Unternehmen, Non-Profit-Organisationen bis in Akademische und Regierungsbereiche und das Militär. 2013 leitete sie einen erfahrungsbasierten Mindful-Leadership-Workshop auf dem Weltwirtschaftsforum Davos, Schweiz.

Weitere Literatur aus dem Arbor Verlag

Rick Hanson

Selbstgesteuerte Neuroplastizität

Der achtsame Weg, das Gehirn zu verändern

Selbstgesteuerte Neuroplastizität ist das praktische Trainingsprogramm für die gezielte Kultivierung positiver Geisteszustände. Gelassenheit und Zufriedenheit sind erlernbar. Wir können sie einladen, „bei uns zu verweilen", und sie so zu einer inneren Eigenschaft werden lassen.

Um unseren Vorfahren das Überleben zu sichern, hat sich unser Gehirn so entwickelt, dass es negative Erfahrungen anzieht und positive Erfahrungen weitaus weniger berücksichtigt. Die gute Nachricht ist jedoch, dass wir diese angeborene neuronale Struktur verändern können: Wir können den „Überlebensmodus" verlassen und uns in einen Modus begeben, in dem wir tieferes Wohlbefinden, mentale Klarheit und die Wertschätzung eines jeden Moments erfahren.

In *Selbstgesteuerte Neuroplastizität* stellt uns der bekannte Neuropsychologe Rick Hanson die praktischen Übungen und Meditationen vor, die es uns ermöglichen, das Glückspotenzial unseres Gehirns voll und ganz zu entfalten.

Buch mit 3 CDs, ISBN 978-3-86781-118-7

Rick Hanson

Just 1 Thing

So entwickeln Sie das Gehirn eines Buddha

Just 1 Thing gibt uns 52 kurze, kraftvolle Tipps und Tricks an die Hand, wie wir trotz Stress und alltäglicher Herausforderungen ein friedliches und erfülltes Leben führen können. Der bekannte Neuropsychologe Rick Hanson zeigt uns, wie wir unsere Zeit und Energie gezielt nutzen können, um unser Gehirn zu stärken und unser Herz zu öffnen.

Just 1 Thing hilft uns,
• gut zu uns selbst zu sein,
• das Leben so zu genießen, wie es ist,
• auf unsere eigenen Stärken zu bauen,
• Stress und schwierigen Gefühlen zu begegnen,
• den Arbeits- und Familienalltag zu genießen,

Rick Hanson, der Autor des Bestsellers *Das Gehirn eines Buddha,* zeigt sich hier von seiner praktischen Seite.

ISBN 978-3-86781-140-8

Jon Kabat-Zinn

Das Abenteuer Achtsamkeit

Wie Sie Weisheit für Körper, Geist und Seele entwickeln

Entdecken Sie die Kraft der Achtsamkeit im Alltag

Achtsamkeit ist weit mehr als eine Übung: Sie ist ein Abenteuer, eine Einladung, jede Minute unseres Daseins bewusst zu leben. Mit viel Humor und Entdeckerfreude stellt Jon Kabat-Zinn verschiedene Aspekte der Achtsamkeit vor und zeigt uns Wege, sie umstandslos in unserem Alltag zu kultivieren. Dabei lernen wir,

- uns mit allen Sinnen in unserem Leben zu verwurzeln – in jedem Augenblick.
- beruflichen oder privaten Stresssituationen auf neue Weise zu begegnen und auch angesichts schwieriger Erfahrungen im inneren Gleichgewicht zu bleiben.
- die Denkmuster aufzuspüren, die zu Leiden führen und emotionale Ausgeglichenheit zu kultivieren.
- dass jeder Moment unseres Daseins ein Wendepunkt sein kann – ein verheißungsvolles Tor in eine neue Lebensweise.

Dieses Buch beinhaltet eine schrittweise Anleitung grundlegender Achtsamkeitsübungen. Es basiert auf Jon Kabat-Zinns umfassendsten Audio-Programm zum Thema Achtsamkeit und enthält zwei Audio-CDs (bearbeitet und gesprochen von Lienhard Valentin) mit geführten Meditationen und Yoga-Übungen.

ISBN 978-3-86781-114-9

Online

Umfangreiche Informationen zu unseren Themen, ausführliche Leseproben aller unserer Bücher, einen versandkostenfreien Bestellservice und unseren kostenlosen Newsletter. All das und mehr finden Sie auf unserer Website.

www.arbor-verlag.de

Mehr von Janice Marturano

www.arbor-verlag.de/janice-marturano

Seminare

Die gemeinnützige *Arbor-Seminare gGmbH* organisiert regelmäßig Seminare und Weiterbildungen mit führenden Vertretern achtsamkeitsbasierter Verfahren. Nähere Informationen finden Sie unter:

www.arbor-seminare.de